101 entrées
pour l'entomologie médico-vétérinaire

Environnement

Collection dirigée par Maryvonne Bodiguel

Ouvrir une collection *Environnement* en sciences sociales est un défi dans la mesure où chacun met sous ce vocable un contenu différent. Il existe pourtant un droit de l'environnement et des programmes de recherches qui s'adressent à des économistes, des sociologues, des politiques, des historiens, des ethnologues.
Ce champ de réflexion traverse en fait l'ensemble des disciplines de sciences et fédère des objectifs plutôt qu'il ne fonde un nouvel objet. Cette situation engendre une grande dispersion des travaux et freine leur diffusion.
Cette collection voudrait y pallier par la publication d'une part de dossiers présentant des recherches approfondies, d'autre part d'ouvrages de portée plus générale destinés à un plus large public.

Dernières parutions

Sous la direction de Rahma BENTIROU MATHLOUTHI, Adélie POMADE, *Vulnérabilité(s) environnementale(s), Perspectives pluridisciplinaires*, 2023.
João Pedro GALHANO ALVES, *Coexistence des sociétés humaines et des écosystèmes. Les terres communautaires, leur élimination et ses conséquences*, 2023.
Kalthoum JEMAÏL, *L'homme et l'oiseau, un lien éternel*, 2023.
GASQUEZ Jacques, avec la participation de Michel Dron et Marc Délos, *Histoire de la gestion des plantes adventices en grandes cultures, De la première herbe arrachée au rappel à la nature*, 2022.
PAVÉ Alain et PAVÉ Marc, *Petit traité d'écologie opérationnelle, De l'idéalisation à l'action*, 2022.
DUMONT Élisabeth, *Histoire d'une feuille d'arbre*, 2021.
YAMADA Fumi, *La gestion des déchets ménagers d'Antananarivo. La dichotomie entre la haute ville et les bas quartiers,* 2020.
SCHNEIDER-MAUNOURY Grégory, *La responsabilité environnementale*, 1999.
KERGOAT Michelle, *Libéralisme et protection de l'environnement*, 1999.
MOOR-STAHL Josyane, *L'exception écologique russe*, 1998.

Mohamed GHARBI

101 ENTREES POUR L'ENTOMOLOGIE MEDICO-VETERINAIRE

L'Harmattan

Du même auteur

Mes conseils pour réussir sa carrière scientifique
Éditions Med'Com, 2021

Mes conseils pour publier un article scientifique
Éditions Méd'Com, 2021

La mission d'étude française de 1866 sur la trichinose en Allemagne
Jean Dupouy-Camet, avec la participation de Thierry Hueber et Mohamed Gharbi
Éditions L'Harmattan, 2022

5-7, rue de l'École-Polytechnique ; 75005 Paris

http://www.editions-harmattan.fr

ISBN : 978-2-14-034564-7

EAN : 9782140345647

Nous sommes plusieurs millions d'espèces,
Ils ne sont qu'une seule

Nous sommes sur Terre depuis 400 millions d'années,
Ils ne sont sur Terre que depuis quelques millions d'années

Nous sommes dix milliards de milliards,
Ils sont huit milliards

Nous occupons tous les écosystèmes,
Ils n'occupent que la terre ferme

Nous sommes très utiles pour la Terre,
Ils ne font que la détruire

Nous nous entraidons,
Ils s'entretuent et se font la guerre

Nous les insectes... eux les êtres humains.

Mohamed GHARBI

AVANT-PROPOS

Les insectes ont conquis la terre depuis plus de 400 millions d'années. C'est le groupe d'êtres vivants le plus nombreux : on compte plusieurs millions espèces d'insectes et plusieurs autres millions restent à découvrir.

Au fil de l'évolution, les insectes ont réussi à envahir tous les écosystèmes : aquatiques, aériens, désertiques, terrestres... mais un grand nombre d'entre eux se sont transformés en parasites qui infestent diverses espèces végétales mais aussi les animaux et l'être humain. L'étude des insectes parasites de ces deux derniers groupes constitue l'entomologie médico-vétérinaire. Chez l'être humain et les animaux, les insectes infestent surtout peau et pelage mais certains ont su devenir des mésoparasites[1] ou même des endoparasites[2].

Ce livre ne prétend pas être un traité d'entomologie médico-vétérinaire, loin s'en faut. C'est un livre sur l'entomologie ayant pour objectif d'ouvrir, pour le lecteur, une fenêtre sur un monde aussi passionnant qu'inconnu : l'entomologie médico-vétérinaire. Il ambitionne d'atteindre un double objectif, permettre aux lecteurs de découvrir ce monde singulier et les inviter à renouer avec l'entomologie en tant que passion à la portée de tous.

Ce livre comporte 101 définitions plus ou moins longues, qui peuvent être lues séparément. Il ne prétend pas remplacer les ouvrages d'entomologie de référence ; son

---

[1] Mésoparasite : parasite qui se trouve dans une cavité naturelle ayant une relation avec le milieu extérieur comme le tube digestif ou l'arbre respiratoire.

[2] Endoparasite : parasite vivant dans le corps de son hôte. Il s'agit par exemple, des parasites du sang.

vœu est d'apporter quelques informations utiles pour les spécialistes et les non spécialistes, relatives à un domaine très vaste, celui de l'entomologie médico-vétérinaire.

Ce livre ambitionne de faire aimer cette science oubliée par le grand public qui gagnerait en ces temps de bouleversements écologiques à renouer avec les insectes.

ABEILLE[1]

Les abeilles sont-elles étudiées par l'entomologie médico-vétérinaire ? La réponse ne peut être que mitigée.

Elles sont si importantes en nutrition humaine (c'est la denrée alimentaire provenant des insectes la plus consommée par l'être humain) et en écologie que nous ne pourrions pas les éluder dans le présent ouvrage. De plus, elles font l'objet d'études au sein de nombreux établissements d'enseignement vétérinaire.

Ce groupe d'insectes compte environ 20 000 espèces recensées dans le monde dont 1 000 en France. Ce sont des hyménoptères[2] possédant deux paires d'ailes membraneuses soudées. En réalité, le terme abeille regroupe plusieurs familles dans le clade des Anthophila.

La majorité de ces espèces sont solitaires et sont peu ou prou mellifères. *Apis mellifera* est l'abeille dite domestique, elle est mellifère et sociale. Cette espèce forme des colonies constituées de trois castes :

(i) La reine : elle est unique dans la ruche ; c'est la mère de la ruche et la seule femelle fertile, elle ne s'accouple qu'une seule fois dans sa vie avec les faux bourdons. La reine est très fertile, elle pond environ 2 000 œufs par jour. La reine est produite à partir d'une larve nourrie

---

[1] La science qui étudie les abeilles est dite l'apidologie.

[2] Hyménoptères (du grec, *hymên*, membrane et *ptéron*, aile) : c'est un ordre d'insectes possédant deux paires d'ailes à au moins un stade de leur vie. Cet ordre contient environ 130 000 espèces réparties dans 97 familles parmi lesquelles les abeilles, les fourmis, les guêpes… Le régime alimentaire des hyménoptères est très varié, il existe des espèces parasitoïdes, phytophages, entomophages, prédatrices…

exclusivement avec de la gelée royale depuis le stade larvaire et durant toute sa vie, qui peut durer cinq ans. La reine possède un dard mais ne l'utilise que lors de conflit avec une autre reine. Ce combat de reines permet d'éliminer la moins forte, c'est donc une forme de sélection naturelle.

(i) Les ouvrières : c'est la caste la plus nombreuse dans la ruche qui compte entre 40 000 et 60 000 individus. Elles ont chacune un rôle spécifique changeant avec l'âge de l'ouvrière. Dès son émergence, l'ouvrière commence par nettoyer la ruche puis assure successivement les missions suivantes : les soins, la ventilation, le transfert du nectar, la production de la cire, la surveillance de la ruche puis l'ouvrière sort pour finir sa vie comme butineuse. Les ouvrières constituent la seule caste butinant dans la ruche. Elles possèdent des dards qu'elles utilisent contre les intrus. Les ouvrières ne sont acceptées que dans leurs ruches, cette reconnaissance se fait au moyen de phéromones spécifiques.

(i) Les faux bourdons : ce sont les seuls mâles dans la ruche, ils proviennent d'œufs non fécondés. Ils s'accouplent avec la reine lors du vol nuptial. Leur nombre est très réduit dans une ruche (quelques centaines) et ils en sont expulsés et meurent à la fin de l'été. Les faux bourdons sont acceptés dans n'importe quelle ruche, cela permet d'augmenter la diversité génétique des abeilles. Ne possédant pas de dards, les faux bourdons ne peuvent pas se défendre.

Les abeilles jouent un très grand rôle écologique, ce sont de très grandes pollinisatrices. En effet, pour produire un kilogramme de miel, les ouvrières butinent environ cinq millions et demi de fleurs. Les abeilles produisent du miel, de la gelée royale, de la propolis, de la cire et du miellat. Dans plusieurs régions du monde, elles sont menacées. Les causes du dépérissement des colonies d'abeilles sont multiples : infections par des virus, infestations par des parasites, les changements climatiques, le manque de ressources alimentaires et les insecticides. Le rôle de chacun de ces facteurs varie dans le temps et en fonction de la région. Les insecticides sont les plus incriminés dans le dépérissement des abeilles vivant dans les pays développés, il s'agit notamment du fipronil et de l'imidaclopride utilisés contre les ravageurs de plantes. Néanmoins, plusieurs compagnies productrices de produits phytosanitaires nient ces causes et essaient de manipuler les résultats des travaux de recherche pour minimiser l'impact de ces insecticides aux yeux des pouvoirs publics.

Il est important de rappeler que de nombreuses espèces d'abeilles solitaires sont meilleures pollinisatrices que l'abeille domestique. De plus, certaines espèces d'abeilles solitaires sont actives dans l'année alors que la température est encore basse, bien avant l'abeille domestique.

On comprend dès lors que la présence de l'abeille domestique même en grands nombres ne peut pallier l'extinction d'autres espèces d'insectes pollinisateurs.

Même si le rôle des abeilles dans la pollinisation des plantes à fleur est indiscutable, on attribue à Einstein cette citation qu'il n'a cependant jamais prononcée : « *Si l'abeille disparaissait de la surface du globe, l'Homme n'aurait plus que quatre années à vivre* ».

L'abeille domestique est la première espèce d'insecte à être vaccinée. En effet, en 2023 le Département américain de l'agriculture (USDA) a approuvé un vaccin contre la loque américaine des abeilles[1]. Dans chaque ruche la reine

---

[1] La loque américaine est une maladie bactérienne très contagieuse touchant les larves des abeilles. Elle est provoquée par une bactérie, *Paenibacillus larvae*.

est nourrie avec une gelée royale contenant la bactérie morte. La reine transmet l'immunité à sa descendance via les œufs.

ANOPHÈLES

Ce sont des moustiques appartenant au genre *Anopheles* et à la famille des culicidés. Ils ont un cycle biologique identique à celui des autres moustiques.

Ce genre est cosmopolite, il compte environ 464 espèces ayant une distribution géographique et une importance très variables.

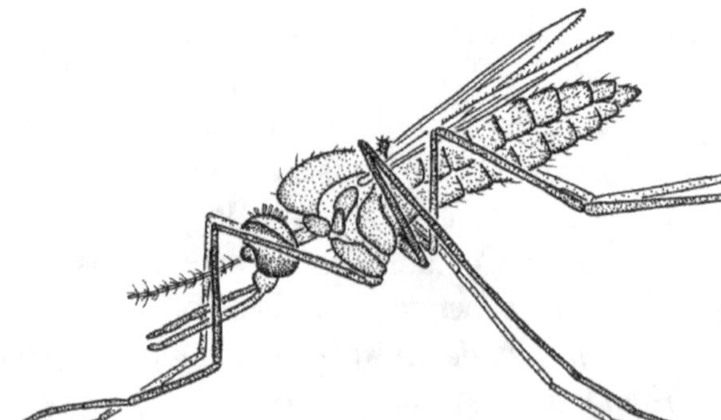

Anophèle (Wikimédia Commons).
On notera qu'au repos, la tête de l'insecte est plus basse que l'abdomen.

Les anophèles assument un rôle vecteur très important, 68 espèces appartenant à ce genre sont des vecteurs biologiques de l'agent étiologique du paludisme[1] (*Plasmodium*). La compétence vectorielle de ces espèces d'anophèles pour *Plasmodium* est très variable.

Les anophèles sont aussi des vecteurs de deux filaires (nématodes filiformes) très importantes en pathologie humaine tropicale : la filaire de Bancroft (*Wuchereria bancrofti*) et la filaire de Malaisie (*Brugia malayi*).

La lutte contre ces insectes recoupe celle contre les autres espèces de moustiques. Dans les régions du monde où le paludisme a été éradiqué, la lutte contre les anophèles doit être accompagnée d'une surveillance épidémiologique visant à détecter précocement une résurgence (réapparition d'anophèles infectés par *Plasmodium*) du paludisme.

ANOPLOURES

Ces sont les poux piqueurs, c'est-à-dire hématophages[2]. Ils se nourrissent sur leurs hôtes par solénophagie[3]. L'être humain n'est infesté que par des poux anoploures : le pou du pubis (*Phtirus pubis*), le pou de la tête (*Pediculus humanus capitis*) et le pou du corps (*Pediculus humanus corporis*). Vu leur régime alimentaire, ces poux sont des

[1] Le paludisme est également appelé malaria mais ce terme est surtout utilisé par les anglophones.

[2] Espèce hématophage : espèce se nourrissant de sang. Les poux hématophages sont appelés anoploures.

[3] Solénophage : espèce hématophage pompant le sang directement à partir des vaisseaux sanguins de son hôte.

vecteurs de trois bactéries agents de maladies humaines graves : *Rickettsia prowazekii* (agent du typhus exanthématique), *Borrelia recurrentis* (agent de la fièvre récurrente à poux) et *Bartonella quintana* (agent de la fièvre des tranchées).

Plusieurs espèces de poux anoploures infestent les animaux qui peuvent alors développer une anémie.

ANTENNES

Les antennes sont des structures absentes chez les arachnides et présentes chez les insectes. C'est pourquoi ces derniers sont dits antennates. Les antennes sont des appendices pairs situés au niveau de la tête, ils sont constitués de plusieurs articles les rendant plus ou moins mobiles.

Les antennes des insectes ont un rôle sensoriel important permettant plusieurs perceptions : sons, odeurs (les antennes sont le nez des insectes), goûts, perception des phéromones, elles servent de détecteurs de mouvements...

La morphologie des antennes, notamment leur forme et le nombre d'articles qui les constituent, est utilisée comme critère de diagnose relativement facile à étudier.

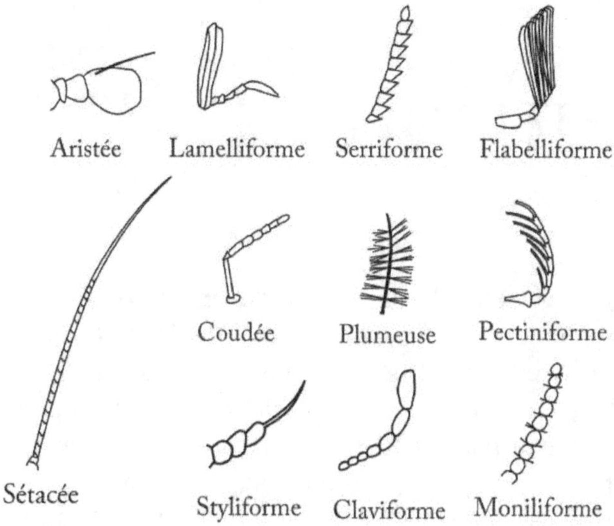

Grands types d'antennes des insectes (Wikipédia). Notez qu'elles sont toutes constituées d'un nombre variable d'articles.

Chez les diptères[1], la taille des antennes permet de les diviser en deux groupes : les nématocères comme les moustiques (insectes avec des antennes composées de plus de trois articles) et les brachycères (insectes avec des antennes composées de moins de trois articles), ce sont les insectes type mouche.

[1] Diptère : ordre comprenant les insectes ayant une paire d'ailes.

ARTHROPODE[1]

Embranchement comportant des êtres vivants ayant un exosquelette, des appendices articulés et un corps métamérisé (c'est-à-dire subdivisé en métamères). À cause de la présence de l'exosquelette, les arthropodes se développent par mues successives. Cet embranchement comporte environ un million et demi d'espèces mais leur nombre est sous-estimé puisque de nouvelles espèces d'arthropodes sont découvertes très régulièrement. Les arthropodes constituent l'embranchement le plus riche sur Terre, il comporte 17 classes dont deux présentant une importance médico-vétérinaire : les arachnides et les insectes.

La biologie moléculaire est de plus en plus utilisée pour réviser la classification des arthropodes sur la base de critères génétiques. Les arthropodes jouent plusieurs rôles écologiques très importants : décomposeurs, pollinisateurs, sources de nourritures pour d'autres espèces, aérateurs et fertiliseurs du sol…

Plusieurs arthropodes sont menacés d'extinction à cause des bouleversements écologiques provoqués par l'être humain et l'utilisation non raisonnée de produits toxiques notamment les pesticides.

[1] Arthropode : du grec, *arthron* : articulation et *podos* : pied.

ASTICOTHÉRAPIE

L'asticothérapie appelée aussi larvothérapie est une méthode alternative qui consiste à utiliser les larves de certains diptères élevées au laboratoire pour le traitement des lésions cutanées graves comme les nécroses post-traumatiques ou post-chirurgicales aussi bien chez l'être humain que chez les animaux.

Les asticots se nourrissent des bactéries et des tissus nécrosés tout en épargnant les tissus vivants. Ainsi, le processus de cicatrisation se trouve accéléré. La première action permet de combattre les infections bactériennes notamment lorsque des antibiorésistances se sont déclarées chez ces sujets (généralement traités pendant plusieurs semaines avec des antibiotiques) ou lorsque le sujet est victime d'une infection nosocomiale. La seconde action est difficile à obtenir par le débridement chirurgical car parfois, le chirurgien peut ne pas distinguer tissus sains et tissus nécrosés. L'espèce de la mouche la plus utilisée dans l'asticothérapie est la mouche verte (*Lucilia sericata*).

AUTOGÈNE[1]

Espèces de moustiques dont la femelle peut faire la première ponte sans prendre de repas sanguin. Ce comportement est fréquent surtout chez les moustiques *Culex pipiens* mais il a été observé aussi chez certaines espèces d'anophèles.

Ce groupe de moustiques s'oppose aux espèces anautogènes dont les femelles ne peuvent pondre qu'après une prise de repas sanguin.

Ces espèces autogènes ont donc la capacité de maintenir leurs populations en l'absence d'hôtes.

BLOCAGE PROVENTRIBULAIRE

Le blocage proventriculaire est un processus qui se produit chez les puces infectées par le bacille de la peste humaine (*Yersinia pestis*). Ces bactéries s'embolisent au niveau du tube digestif de la puce et empêchent le transit du sang absorbé par la puce. Ne pouvant plus absorber le sang,

[1] Autogène : du grec ancien *autogenês*, auto-engendré.

cette dernière quitte cet hôte pour en chercher un autre. Ainsi, les puces ayant un blocage proventriculaire jouent un très grand rôle épidémiologique dans la transmission du bacille de la peste. Un phénomène similaire est observé chez les phlébotomes infectés par *Leishmania infantum* (protozoaire agent de la leishmaniose). Ce dernier provoque une gêne lors de l'absorption du sang, ce qui oblige le phlébotome à effectuer le repas sanguin chez plusieurs hôtes successifs.

Ce comportement augmente le rôle vecteur de ces insectes qui, en passant d'un hôte à un autre, transmettent l'infection à plusieurs sujets.

BRAULA

Appelé poux des abeilles, il s'agit en réalité de deux genres : *Braula* (1,5 mm de taille environ) et *Megabraula* (3 mm de taille environ). Les larves se nourrissent de la cire et du pollen collecté par les ouvrières alors que les adultes vivent sur les abeilles adultes, notamment la reine sur laquelle on peut trouver jusqu'à 30 individus.

Les adultes de ces insectes se nourrissent de la gelée royale donnée à la reine par les ouvrières. Ces insectes n'ont aucun impact négatif sur la santé des abeilles si leur nombre est faible. Par contre, si le nombre d'insectes est élevé, la diminution de la quantité de gelée royale ingérée par la reine affecte sa santé, elle devient alors émaciée et sa ponte se trouve réduite.

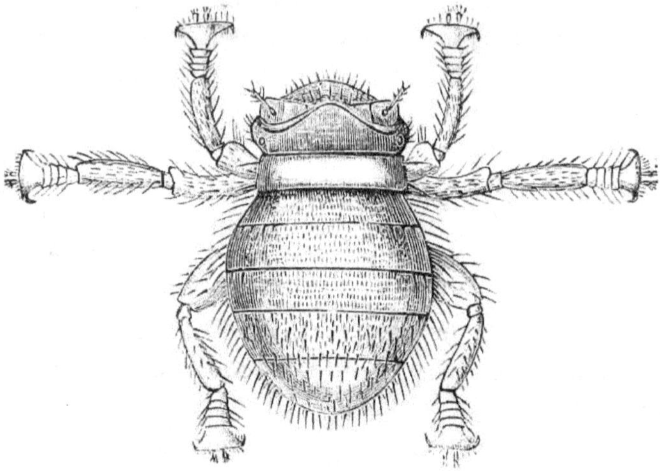

Braula *(D'après Meinert, Wikimédia Commons).*
Notez l'absence d'ailes et la présence de longues pattes étalées.

En vérité, ces insectes ne sont pas des parasites ; ils spolient la nourriture offerte à la reine. Nous pourrions parler alors de kleptoparasitisme[1] mais aussi de phorésie et d'inquilinisme[2].

---

[1] Kleptoparastisime : mot composé du grec ancien, *kleptês*, voleur. C'est un cas très particulier de parasitisme par vol.
[2] Inquilinisme : relation entre deux êtres animaux, le premier (inquilin) se protège par l'autre sans lui porter préjudice.

CAPACITÉ VECTORIELLE

Elle se définit comme le niveau d'efficacité d'un vecteur à transmettre un agent pathogène. La capacité vectorielle est couramment confondue avec la compétence vectorielle.

CLÉ DE DIAGNOSE

La diagnose est l'identification du groupe taxonomique auquel appartient un être vivant dont la classification est inconnue par le manipulateur. Elle doit reposer sur plusieurs éléments morphologiques et non sur un seul critère. Pour différents niveaux taxonomiques, il existe plusieurs types de documents de diagnose, les plus usités sont les clés dichotomiques. Ainsi, le manipulateur est appelé à confirmer ou infirmer la présence de tel ou tel critère morphologique et en fonction de la réponse, il lui est loisible de passer au critère suivant. Le manipulateur est ainsi guidé étape par étape jusqu'au niveau d'identification requis. Il existe des clés de diagnose numériques pour plusieurs groupes d'insectes qui permettent d'identifier les espèces mais ils présentent l'inconvénient de ne pas permettre aux manipulateurs de connaitre les différentes alternatives. Il s'agit principalement de clés de diagnose de phlébotomes[1], d'anophèles et de *Culex,* qui sont surtout utilisées par les professionnels impliqués dans la lutte anti-culicidienne.

La diagnose peut être effectuée sur des insectes de collection plastinés. La plastination est une nouvelle technique de conservation des parasites et des organes d'animaux, elle consiste à remplacer l'eau et la graisse par d'autres molécules inoffensives pour la santé. Elle permet ainsi, d'éviter l'utilisation de conservateurs toxiques comme le formol. De plus, cette technique permet la manipulation des spécimens plastinés pour les observer sans aucune incommodité ni risque pour la santé induits par les solutions de conservation. Les spécimens plastinés gardent leur apparence initiale, notamment leur couleur pour plusieurs années. Cette technique a l'inconvénient d'empêcher d'éventuelles études ultérieures sur les spécimens plastinés (prélèvement d'ADN ou dissection). Les insectes plastinés peuvent être exposés dans les musées, utilisés pour l'enseignement ou conservés dans des collections.

Grâce à l'intelligence artificielle (IA), de nombreux logiciels de diagnose ont été développés, ils permettent l'identification de milliers d'espèces animales et végétales avec de très faibles risques d'erreurs. Des applications téléchargeables sur les téléphones portables sont de plus en plus disponibles.

---

[1] Phlébotomes : du grec *phléps*, veine et *tomê*, couper. Ce sont des insectes hématophages de la famille des psychodidés.

COMPÉTENCE VECTORIELLE

C'est la capacité d'un vecteur à ingérer un agent pathogène, lui assurer la multiplication ou le développement dans l'insecte puis le transmettre à l'hôte. La compétence vectorielle est indépendante des facteurs environnementaux.

Il n'est pas rare que la compétence vectorielle soit confondue avec la capacité vectorielle.

CULICOÏDE

Les insectes du genre *Culicoides* appartiennent à la famille des cératopogonidés, ce ne sont donc pas des moustiques (qui eux, appartiennent à la famille des culicidés).

Il s'agit d'insectes de petite taille (1 à 3 mm de taille), hématophages. Ce genre comporte 1 400 espèces ayant une distribution variable sur Terre. Seules les femelles de culicoïdes sont hématophages. De ce fait, les mâles n'ont aucun rôle pathogène.

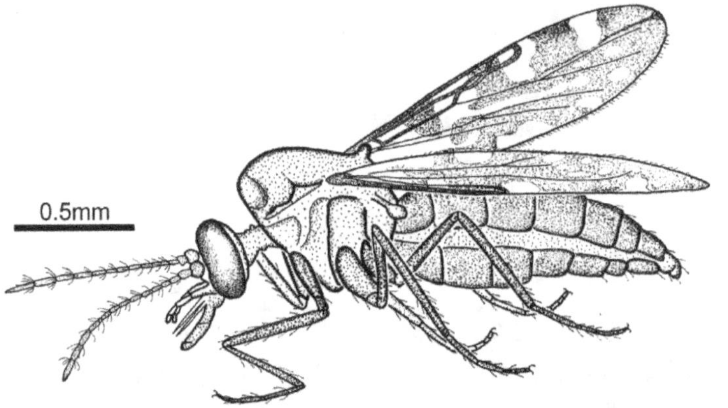

Culicoïde (Wikimédia Commons).
Notez la présence de taches au niveau des ailes dont la morphologie varie en fonction de l'espèce.

La femelle pond ses œufs dans divers substrats humides (contrairement aux femelles de moustiques qui ne pondent que dans l'eau), l'œuf éclot et donne une larve qui passe par quatre stades larvaires pour muer en nymphe qui ne se nourrit pas.

La piqûre des culicoïdes est douloureuse, elle est également la principale cause de la dermatite estivale récidivante des équidés[1].

[1] La dermatite estivale récidivante des équidés est une dermatose due à une allergie aux antigènes de plusieurs insectes hématophages notamment les culicoïdes et secondairement les stomoxes, les taons…

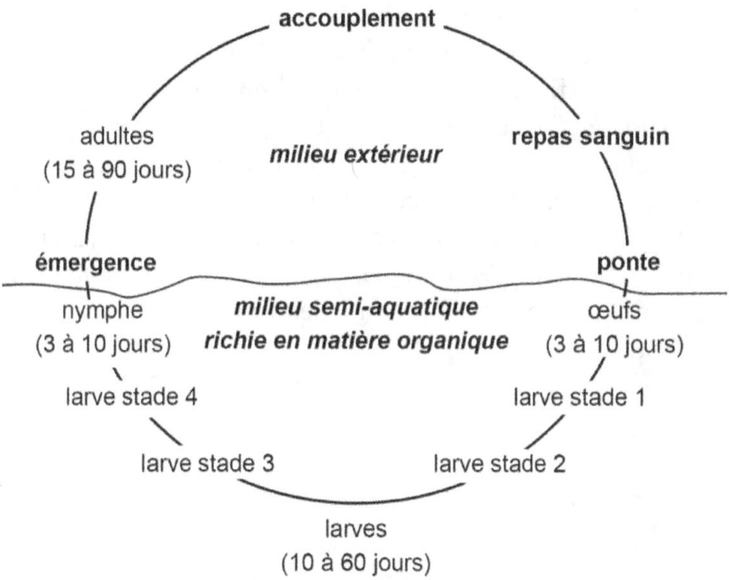

Cycle biologique général des culicoïdes.

Ces insectes ont un rôle vecteur très important en pathologie animale, d'abord ce sont les vecteurs biologiques du virus de la fièvre catarrhale ovine[1] et du virus de Schmallenberg (maladie principalement abortive affectant les ruminants), ils transmettent également aux équidés, le virus de la peste équine ainsi que des filaires à plusieurs espèces hôtes.

La lutte contre ces insectes est difficile pour plusieurs raisons, dont en premier lieu le polymorphisme comportemental de ces espèces. Certaines sont endophiles (vivant dans les locaux), d'autres exophiles (vivant à l'extérieur des locaux), certaines sont endophages (prenant leurs repas sanguins dans les locaux) d'autres sont exophages (prenant leurs repas sanguins à l'extérieur des

[1] La fièvre catarrhale ovine est plus connue sous le nom la blue tongue (maladie de la langue bleue).

locaux)… D'autre part, les culicoïdes adultes vivent dans des espaces ouverts alors que leurs gîtes larvaires sont très variés et difficiles à cibler (contrairement aux larves des moustiques, qui sont toujours aquatiques).

Il est possible d'appliquer des insecticides rémanents sur les animaux, notamment ceux atteints de la fièvre catarrhale ovine (afin d'abolir leur rôle réservoir) et sur les véhicules mais cette méthode n'est pas sans effets secondaires sur l'environnement, sur la santé des animaux et sur l'être humain.

CYCLE GONOTROPHIQUE

Ce sont tous les événements qui ont lieu entre deux repas sanguins d'un moustique femelle.

Ces événements sont très importants à étudier et à connaitre pour pouvoir asseoir des programmes de lutte efficaces.

Le cycle gonotrophique comporte trois phases successives[1] :

(i) La recherche active de l'hôte par la femelle.

---

[1] Bio-écologie *In* : Les anophèles : Biologie, transmission du *Plasmodium* et lutte antivectorielle. Marseille, IRD Éditions, 2009. Disponible sur Internet : http://books.openedition.org/irdeditions/10389. ISBN : 9782709922838. Doi: : https://doi.org/10.4000/books.irdeditions.10389.

(ii) L'ingestion et la digestion du sang suivies de la maturation des follicules ovariens.

(iii) La recherche d'un lieu pour le repos et la ponte. Cette dernière est appelée oviposition.

DERMATITE ALLERGIQUE AUX PIQÛRES DE PUCES

Appelée également dermatite par hypersensibilité aux piqûres de puces. C'est une dermatose allergique qui affecte le chien et le chat suite aux piqûres des puces. Il s'agit en réalité d'une allergie à une protéine salivaire de la puce appelée Cfel1 (*Ctenocephalides felis*[1] 1).

La Dermatite par allergie aux piqûres de puces (appelée communément DAPP ou DHPP) se traduit par une inflammation cutanée plus ou moins intense, un prurit qui lui-même induit une dépilation (la dépilation est dite de ce fait, auto-induite). L'allergie peut survenir suite aux piqûres d'un nombre aussi réduit que deux puces. Certains animaux développent un eczéma suraigu se traduisant par l'apparition brutale d'une lésion cutanée unique dépilée, suintante (ou purulente) et très prurigineuse, c'est le *hot spot*.

---

[1] *Ctenocephalides felis* : nom scientifique de la puce du chat.

Le diagnostic est d'abord clinique mais il est possible aussi de procéder à des tests cutanés (intradermoréaction) qui permettent de détecter l'allergie à la salive de la puce.

La lutte passe par l'élimination totale des puces de l'environnement de l'animal. Il faut de ce fait utiliser des antiparasitaires modernes qui ont une activité sur les adultes (adulticides) et les larves (larvicides) de puce. Certains cas nécessitent un traitement des animaux avec des corticoïdes visant à soulager le prurit et l'inflammation de la peau afin d'améliorer le bien-être de l'animal.

DIAPAUSE

La diapause est un comportement complexe à déterminisme génétique se traduisant par le ralentissement du métabolisme et l'arrêt de l'activité physique de l'animal.

Ce phénomène est observé chez plusieurs espèces animales dont les insectes chez lesquels, la diapause peut avoir lieu à différents stades de leur vie. La diapause est un processus biologique pouvant se subdiviser en quatre phases successives : la pré-diapause, l'induction de la diapause, le maintien de la diapause et la post-diapause. Cette dernière est déclenchée par la disparition des facteurs ayant induit la diapause, elle se traduit par la reprise, relativement rapide, du métabolisme normal de l'insecte.

La diapause est une adaptation aux conditions abiotiques extrêmes que l'insecte ne peut pas supporter, comme les températures extrêmes ou l'aridité. Ce comportement a deux origines :

(i) Les insectes sont des poïkilothermes[1] et donc ne régulent pas leur température centrale.

(ii) Contrairement aux autres espèces animales, notamment les oiseaux, le comportement migratoire n'est pas fréquent chez les insectes (il existe chez certaines espèces de papillons, chez le criquet pèlerin…).

La diapause larvaire due à l'aridité du milieu est surtout importante pour les insectes dont le cycle de vie passe par des stades aquatiques, comme les moustiques.

La diapause conditionne de manière significative l'épidémiologie des maladies vectorielles. En effet, durant la période de la diapause, les insectes ne peuvent pas être ciblés par les actions de lutte car ils sont dans une phase de métabolisme ralenti et n'effectuent quasiment pas d'échange avec l'environnement. De plus, durant cette période, les insectes s'abritent pour échapper aux prédateurs. Enfin, certains insectes en diapause représentent un réel réservoir d'agents pathogènes qu'ils transmettent dès la reprise de leur activité.

---

[1] Poïkilotherme : être vivant n'ayant pas une température centrale constante.

DIOXYDE DE CARBONE

La concentration du dioxyde de carbone dans l'air atmosphérique est d'environ 380 ppm[1], par contre dans les habitations des insectes sociaux comme les ruches des abeilles, elle peut atteindre 40 000 ppm. Ce sont les abeilles ventileuses qui assurent le maintien de la concentration du dioxyde de carbone à des niveaux manifestement élevés pour les mammifères mais optimums pour les abeilles.

Lors du sommeil ou du repos, les mammifères dégagent un panache de dioxyde de carbone persistant dans l'atmosphère. En outre, ce panache est associé à un gradient de température croissant. Outre plusieurs facteurs, le dioxyde de carbone est un puissant attractif des insectes hématophages notamment les moustiques. Ce même gaz joue également le rôle de répulsif pour plusieurs d'entre eux à la fin du repas sanguin. Cette répulsion permet à l'insecte de fuir rapidement son hôte pour éviter ses réactions de défense.

Des chercheurs ont testé un demi-million de molécules pouvant bloquer les récepteurs du dioxyde de carbone des moustiques. Ces molécules ne doivent pas avoir une mauvaise odeur et doivent être inoffensives pour la santé de l'être humain. Deux molécules candidates ont été retenues :

[1] ppm : parties par million.

(i) L'éthyle pyruvate qui bloque l'attractivité des humains pour les moustiques. Cette molécule entre donc dans le cadre de la stratégie « *mask* », qui permet, comme son nom l'indique, de masquer l'odeur de l'hôte.

(ii) Le cyclopentanone qui est attractif pour les moustiques et peut servir d'appât. Il entre dans la stratégie de lutte « *pull* ».

Ces deux molécules peuvent être combinées dans une stratégie de lutte intégrée appelée « *mask and pull* ».

DIPTÈRE[1]

C'est le plus grand ordre de la classe des insectes, il compte environ 150 000 espèces mais ce chiffre est en deçà de la réalité puisque de nouvelles espèces de diptères sont régulièrement découvertes. À titre de comparaison, l'ordre des primates auquel appartient l'espèce humaine ne comprend que 414 espèces.

Les diptères sont des insectes possédant une paire d'ailes membraneuses mais certaines espèces les ont perdues au cours de l'évolution comme c'est le cas des mélophages à ailes vestigiales non fonctionnelles. Les diptères possèdent également une paire d'ailes appelées haltères ou balanciers. Ces dernières interviennent dans l'équilibre des diptères lors du vol. Ce sont les vestiges des deux ailes postérieures des insectes primitifs. Les haltères sont visibles à l'œil nu chez les tipules.

[1] Diptère : du grec *di*, deux et *ptéron*, ailes.

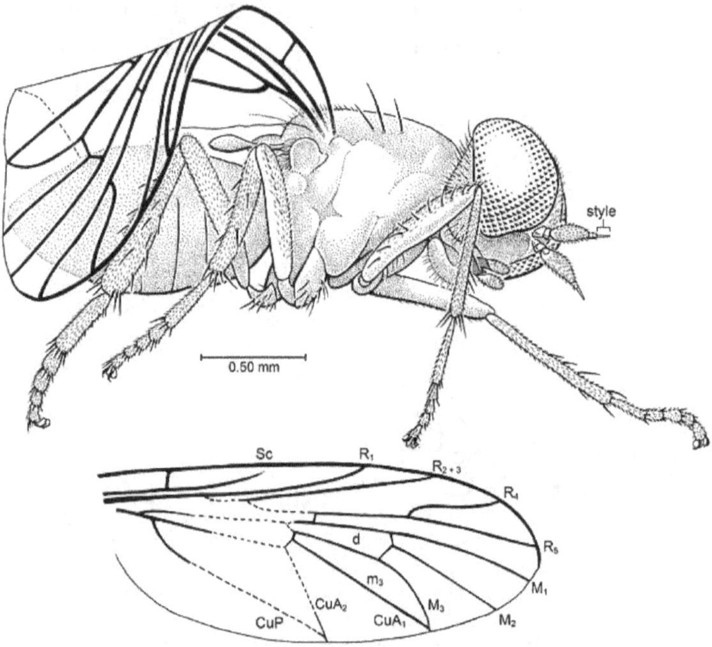

Diptère, ici un spécimen de Kumaromyia burmitica *(Wikimédia Commons).*
Notez la présence de nervures sur les ailes. Elles ont chacune un nom car elles permettent la diagnose des diptères adultes.

Les diptères sont divisés en deux sous-ordres :

(i) Les nématocères (insectes de type moustique) : moustiques, phlébotomes, simulies, culicoïdes…

(ii) Les brachycères (insectes de type mouche) : mouches, glossines, taons, stomoxes, drosophiles...

Les diptères ont des rôles écologiques[1] aussi diversifiés qu'importants, ce sont des pollinisateurs, des coprophages, des nécrophages, des régulateurs des populations animales et végétales, des décomposeurs de matière végétale… Il est à noter que 29% des espèces de diptères sont des phytophages. Ce terme désigne les espèces d'insectes se nourrissant sur les végétaux. Ce régime alimentaire est très diversifié (divers sucs végétaux, pollen, feuilles…).

Parmi le très grand nombre d'espèces de diptères, très peu sont des parasites de l'être humain et des animaux. Il s'agit des moustiques, des phlébotomes, des culicoïdes, des simulies, des mélophages, des glossines, des stomoxes…[2]

ENDÉMIE[3]

L'endémie est une situation épidémiologique dans laquelle l'agent pathogène est présent à une prévalence relativement faible mais pendant une période relativement longue dans une ville, un élevage (pour les maladies animales), une région ou un pays.

---

[1] Il est important de se rappeler que chaque être vivant a un rôle écologique sur Terre et aucune espèce ne peut être considérée comme nuisible ni même inutile. Ce dernier qualificatif est très anthropocentrique car on considère que toute espèce qui nuit aux humains est nuisible ce qui est erroné, bien évidemment.

[2] Rappelons que les fourmis, les abeilles et les guêpes n'appartiennent pas à l'ordre des diptères mais à celui des hyménoptères.

[3] Certains auteurs font la différence entre endémie (terme utilisé en médecine humaine) et enzootie (terme utilisé en médecine vétérinaire). De même, ils distinguent épidémie et épizootie.

C'est le cas par exemple du paludisme humain dans les régions tropicales, de certaines diarrhées dans une population animale...

La notion d'endémie s'oppose à celle d'épidémie. Durant cette dernière, l'agent pathogène est présent avec une prévalence élevée pendant une période relativement courte donnant donc un pic, c'est le cas par exemple de la grippe saisonnière humaine.

Pour les maladies vectorielles, l'état d'endémie est la résultante de plusieurs facteurs qui interviennent de manière intriquée et variable en fonction de plusieurs déterminants :

(i) Les vecteurs, notamment leur abondance dans une région donnée, leur capacité et compétente vectorielles, leur dynamique d'activité…

(ii) La virulence de l'agent pathogène. Ce sont surtout les agents pathogènes peu virulents qui donnent des endémies.

(iii) Si la résistance de l'hôte est élevée, on peut observer des endémies.

Si la pression d'infection est élevée, un équilibre entre l'hôte et l'agent pathogène peut s'installer, il aboutit à l'absence virtuelle de cas cliniques chez les sujets infectés. Ces derniers sont alors des porteurs asymptomatiques de l'agent pathogène. Cette situation est surtout fréquente si les vecteurs sont abondants et/ou actifs pendant une longue période de l'année. Ils inoculent alors l'agent pathogène provoquant ainsi une sollicitation antigénique continue du système immunitaire qui aboutit à des infections séquentielles avec des effets de rappel continus.

En élevage de rente, même si cette situation endémique ne donne pas de cas cliniques, elle est généralement inductrice de pertes financières conséquentes et ce pour plusieurs raisons :

(i) Les animaux sont infectés pendant plusieurs mois, voire plusieurs années.
(ii) Une grande partie de la population animale est infectée.
(iii) Les animaux infectés ne sont pas identifiés en tant que tels ni par les éleveurs ni parfois par les vétérinaires et ne sont donc pas pris en charge.
(iv) Les animaux infectés asymptomatiques jouent un rôle important de réservoir car ils transmettent l'infection aux humains (pour les maladies zoonotiques) ou à d'autres animaux.

On relève alors un effet multiplicatif des pertes car elles touchent plusieurs animaux, dans plusieurs élevages et pendant une longue période.

ENDOSYMBIONTE

Les endosymbiontes sont des bactéries qui vivent en symbiose dans le corps d'autres organismes. On considère que les mitochondries et les chloroplastes sont des endosymbiontes ayant conquis respectivement les cellules des animaux et des végétaux.

Les arthropodes ont développé des relations symbiotiques avec plusieurs bactéries. Ces relations sont très étudiées depuis quelques années d'abord pour comprendre cette relation originale et pour pouvoir utiliser les endosymbiontes dans la lutte contre les maladies à transmission vectorielle. Les bactéries endosymbiontes sont classées en deux groupes :

(i) Les endosymbiontes primaires : ils ne peuvent vivre sans les insectes et vice-versa.

(ii) Les endosymbiontes secondaires : qui ne sont pas indispensables.

Ces bactéries synthétisent les nutriments que l'insecte ne peut pas synthétiser ou recevoir à partir de la nourriture comme les vitamines ou certains acides aminés. Chez les glossines par exemple, il existe trois espèces d'endosymbiontes : *Wigglesworthia glossinida*, *Sodalis glossinidius* (qui ont une position intracellulaire ou extracellulaire) et *Wolbachia pipientis*. Ces trois endosymbiontes sont transmis verticalement à travers les glandes lactifères (*Wigglesworthia glossinida* et *Sodalis glossinidius*) ou le cytoplasme des œufs (*Wolbachia pipientis*).

Sous la pression de sélection, ces endosymbiontes réduisent leurs génomes en éliminant les gènes produisant des protéines inutiles mais gardent les gènes indispensables à l'association symbiotique. Par exemple, *Wigglesworthia glossinida* garde les gènes impliqués dans la synthèse des vitamines du groupe B et ses cofacteurs car le sang spolié par les glossines n'en contient pas suffisamment.

Les endosymbiontes des insectes peuvent être transmis aux nématodes qu'ils hébergent. Lors de leur passage chez les moustiques, les nématodes *Dirofilaria* acquièrent des endosymbiontes du genre *Wolbachia*. On a récemment découvert qu'une partie des symptômes observés chez le chien atteint de dirofilariose sont dus en réalité aux effets pathogènes de *Wolbachia* et non à ceux du nématode présent chez le chien. Pour preuve, le traitement de ces animaux avec des antibiotiques permet de stériliser les *Dirofilaria* femelles et de supprimer plusieurs symptômes. Il existe deux souches d'*Onchocerca volvulus* (agent d'une filariose tropicale, la cécité des rivières) en Afrique de l'Ouest qui provoquent des lésions oculaires à sévérité variable. Il a été démontré que cette différence du pouvoir pathogène sur les yeux de l'être humain est due à des différences dans les populations d'endosymbiontes présents chez les onchocerques.

ENTOMOLOGIE MÉDICO-LÉGALE

L'entomologie médico-légale est également appelée l'entomologie forensique. Elle est de loin beaucoup plus importante en médecine humaine qu'en médecine vétérinaire.

En médecine humaine, elle est très utilisée par la police scientifique et les médecins légistes :

(i) Elle permet d'abord de déterminer le lieu d'un crime. Ainsi, telle ou telle espèce (d'insecte, d'acarien ou de diatomée) abonde dans telle ou telle région et se trouve par exemple sur le cadavre ou dans ses poumons, ce qui permet de dire dans certains cas si le cadavre a été déplacé ou non. Il est possible également de déterminer le lieu de la noyade (certaines larves d'insectes ne vivent que dans les étangs, d'autres espèces de microorganismes ont une origine marine).

(ii) Il existe un assemblage connu des espèces d'insectes nécrophages (principalement, les diptères et les coléoptères) qui envahissent les cadavres de manière séquentielle avec une chronologie bien déterminée. De plus, les délais d'apparition de ces insectes sont déterminés par les conditions météorologiques. Connaissant ces deux éléments, il est possible de déterminer l'intervalle de temps entre le décès (ou de l'assassinat) et la date de découverte du cadavre. Ce délai est appelé l'index *post-mortem* (IPM).

Le cadavre est d'abord massivement envahi par les larves de diptères (appartenant à trois familles : calliphoridés, sarcophagidés et muscidés). Les larves de ces insectes subissent la prédation par des coléoptères (appartenant à trois familles : silphidés, taphylinidés et histeridés). Ensuite, s'installent les piophilidés, les cleridés et les nitidulidés. Enfin, arrivent les insectes de la famille des dermestedés qui sont attirés par les restes secs du cadavre. Ces invasions successives durent au total environ trois mois.

Cette même logique d'investigation médico-légale s'applique en médecine vétérinaire pour déterminer les abus et les négligences infligés aux animaux. Une équipe de chercheurs japonais[1] a pu étudier, grâce à la technique PCR[2], la durée de persistance du sang humain chez deux espèces de moustiques : *Culex pipiens* et *Aedes albopictus*. En effet, le sang humain perdure pendant trois jours après le repas sanguin mais ne peut être étudié que durant les deux

---

[1] Hiroshige Y, Hara M, Nagai A, Hikitsuchi T, Umeda M, Kawajiri Y, et al. 2017. A human genotyping trial to estimate the post-feeding time from mosquito blood meals. *PLoS ONE* 12(6): e0179319. Doi : https://doi.org/10.1371/journal.pone.0179319.

[2] PCR pour *Polymerase Chain Reaction* ou réaction de polymérisation en chaine. C'est une technique développée en 1986 par Kary Mullis consistant à amplifier, grâce à une enzyme thermostable, une portion du génome (ADN pour Acide DésoxyriboNucléique) de n'importe quel être vivant en utilisant un couple d'amorces. Cette technique s'est beaucoup développée, il est possible par exemple d'amplifier l'ARN (Acide RiboNucléique) et non l'ADN, de quantifier l'ADN ou l'ARN en temps réel…

premiers jours car durant le troisième jour, l'ADN humain se dégrade dans le corps du moustique. Puisque cette durée varie en fonction de la température ambiante et que la distance parcourue par des moustiques ayant effectué un repas sanguin reste faible (elle varie en fonction de l'espèce mais n'excède pas quelques centaines de mètres tout au plus), ces auteurs proposent d'utiliser cette technique pour confirmer ou infirmer la présence d'un suspect sur le lieu d'un crime.

ENTOMOLOGISTE

C'est un scientifique qui étudie les insectes. Certains auteurs et revues scientifiques associent à l'étude des insectes, celle des acariens (qui est en réalité du ressort de l'acarologie) et même d'autres arthropodes ayant une importance médico-vétérinaire, comme les scorpions et les abeilles par exemple. On confond de ce fait l'étude des insectes et celle des arthropodes d'une manière générale, même s'il existe, le terme arthropodologie n'est pas usité. L'entomologie comporte plusieurs sous-spécialités comme l'entomologie médicale, l'entomologie vétérinaire (elles sont assez souvent regroupées ensemble du fait de la présence de plusieurs vecteurs agents de zoonoses et de plusieurs maladies communes aux deux groupes d'êtres vivants), l'entomologie agricole, l'apidologie (science qui étudie les abeilles), l'entomologie fondamentale... Cette dernière est assez souvent négligée et ne bénéficie guère de fonds de recherche. Ce sont les entomologistes qui étudient des espèces d'insectes n'ayant aucun rôle pathogène ni pour les végétaux, ni pour les animaux, ni pour l'être humain. Cela ne veut en aucun cas dire que ces insectes ne sont pas utiles. De même, il ne faut en aucun cas sous-estimer l'importance de ces travaux de recherche.

Il existe aussi des entomologistes qui étudient les insectes dits « utiles », comme les pollinisateurs, les abeilles et les vers à soie. À quelques exceptions près, toutes ces espèces d'insectes n'ont aucun rôle pathogène (comme les cas de piqûres par les insectes à dard) mais plusieurs d'entre-elles sont étudiées dans le cadre de l'entomologie médico-vétérinaire.

De nos jours, l'entomologie est parfois reléguée au second plan bien derrière certaines disciplines considérées comme « nobles » telles la génétique, l'immunologie, la biologie moléculaire, la bio-informatique… De plus en plus, l'entomologiste (surtout s'il est spécialisé en entomologie médico-vétérinaire) travaille au sein d'équipes pluridisciplinaires incluant des cliniciens (médecins et vétérinaires), des pharmaciens, des épidémiologistes, des informaticiens, des mathématiciens, des sociologues, des photographes, des géographes… et la liste est trop longue pour être citée intégralement.

La biologie moléculaire a « envahi » une grande partie des champs d'action de l'entomologie devenant incontournable grâce à ses performances extraordinaires. Il s'agit principalement de sa très grande spécificité (en utilisant cet outil, il est possible de déterminer sans ambiguïté l'espèce, voire la population à laquelle appartient un insecte), sa facilité et sa rapidité (il est possible d'analyser plusieurs échantillons en une journée). La biologie moléculaire a une myriade d'usages en entomologie, elle est parfois utilisée en tandem après la diagnose[1] morphologique. Elle a du reste permis de découvrir plusieurs espèces cryptiques d'insectes[2]. Elle permet aussi de chercher des gènes de résistance chez les insectes vecteurs de maladies…

Devenir entomologiste nécessite plusieurs années de formation postuniversitaire car il faut acquérir une vision globale sur l'entomologie et il faut maîtriser plusieurs détails taxonomiques, morphologiques et biologiques sur un grand nombre d'espèces d'insectes. N'oublions pas qu'environ 1,3 million d'espèces d'insectes ont été décrites sur Terre et que plusieurs millions restent à découvrir. Enfin, la formation en entomologie passe aussi par une formation au travail sur le terrain, qui a ses spécificités, ses difficultés et ses risques.

Durant ces dernières années, le nombre de formations postuniversitaires dédiées à l'entomologie a périclité[3] entrainant ainsi une chute alarmante du nombre d'entomologistes dans le monde qui sont maintenant d'un âge moyen relativement avancé. Ce qui fait que les entomologistes sont devenus eux-mêmes une « *espèce en voie d'extinction* ». Aussi a-t-on pu soutenir que « *l'un des effets pervers des insecticides rémanents est qu'ils ont presque éradiqué les entomologistes* ». Rappelons aussi

---

[1] Diagnose : identification morphologique d'un être vivant. La diagnose peut survenir à différents niveaux. On parle alors d'une diagnose de genre, d'espèce…

[2] Espèces cryptiques : ce sont deux espèces d'êtres vivants qui se ressemblent énormément sur le plan morphologique et qui sont de ce fait prises pour une seule.

[3] En 2016, il n'y avait dans le monde que 140 formations (43,5% de ces formations sont dispensées aux États-Unis) relatives aux vecteurs et aux maladies à transmission vectorielle, donc le nombre de formations en entomologie serait certainement encore plus faible. Pour plus de détails, lire : Casas J, Lazzari C, Insausti T, Launois P, Fouque F. 2016. Mapping of courses on vector biology and vector-borne diseases systems: time for a worldwide effort. *Memórias do Instituto Oswaldo Cruz - Fiocruz, Rio de Janeiro*, 111 (11): 717-719.

qu'il est important de réfléchir à la formation de techniciens.ennes en entomologie qui sont très impliqués.és dans les équipes de recherche.

Toute une littérature s'est développée autour de l'entomologie. D'abord « le reportage entomologique », c'est une série de reportages autour de l'entomologie comme c'est le cas de l'excellent livre d'Erik Orsenna « *Géopolitique du moustique* »[1] dans lequel il présente toute une série de reportages passionnants autour du moustique. Ensuite, l'entomologie fantastique comme le livre de Franz Kafka, « *La Métamorphose* »[2]. Sans parler des ouvrages de Maurice Maeterlinck dédiés aux abeilles, aux termites et aux fourmis. Enfin, les livres de vulgarisation de l'entomologie, avec des niveaux très variables de prérequis, sont très nombreux. N'oublions surtout pas de de citer Jean-Henri Fabre (1823 – 1915) l'un des plus grands entomologistes du XIXème siècle, auteur de plusieurs ouvrages d'entomologie. Dans son livre, *Les Merveilles de l'instinct chez les insectes*, il écrivit « *J'ouvre le laboratoire de l'Harmas à l'entomologie vivante et ce laboratoire ne coûtera pas un centime à la bourse des contribuables* ».

---

[1] Erik Orsenna. *Géopolitique du moustique. Petit précis de mondialisation* IV, Fayard.

[2] Franz Kafka, *La Métamorphose*. Gallimard.

Portrait de Jean-Henri Fabre (1823 – 1915) (Wikipédia).

ENTOMOPATHOGÈNE

Comme tout être vivant, les insectes possèdent leurs agents pathogènes. Il s'agit de virus, de bactéries, de champignons et de nématodes pouvant provoquer chez eux des maladies ou même les tuer. Ces agents entomopathogènes peuvent être utilisés dans la lutte biologique contre les insectes ravageurs de plantes et ceux ayant une importance médico-vétérinaire. Il s'agit d'agents spécifiques n'ayant pas d'effets sur la faune entomologique non ciblée et insensibles aux effets secondaires des insecticides chimiques. D'un autre côté, certains agents entomopathogènes peuvent provoquer des pertes dans les élevages d'insectes comme l'apiculture (élevage des abeilles) ou la sériciculture (élevage du ver à soie). Enfin, ces agents peuvent provoquer le déclin des populations d'insectes dits utiles[1], comme les pollinisateurs. Parmi les nombreuses espèces entomopathogènes, citons, *Beauveria bassiana* et *Metarhizium anisopliae,* qui sont utilisées comme champignons entomopathogènes dans le cadre de la lutte contre plusieurs insectes ravageurs des cultures et dans la lutte contre les moustiques vecteurs du paludisme. Enfin, *Bacillus thuringiensis*, bactérie produisant une toxine entomopathogène est l'agent le plus utilisé en agriculture biologique dans le monde. Ce bacille permet de lutter contre plusieurs ravageurs des plantes mais aussi contre les moustiques (dans le cadre de la lutte contre le paludisme et les nuisances provoquées aux humains par les moustiques) et les simulies (dans le cadre de la lutte contre ces vecteurs de la cécité des rivières) par épandage sur les plans d'eau.

---

[1] Répétons encore que tous les êtres vivants ont un rôle écologique sur Terre. Il est parfois patent mais le plus souvent, il est sous-estimé, voire totalement inconnu. Donc classer une espèce comme utile, laisse sous-entendre que cette utilité est évaluée d'un point de vue anthropocentrique, c'est-à-dire qu'elle est directement utile pour l'être humain. Cela insinue aussi qu'il y a des espèces inutiles, ce qui est totalement erroné.

ENTOMOPHOBIE[1]

Comme toutes les phobies, l'entomophobie est une aversion ou une peur irrationnelle et incontrôlable des insectes, elle entre dans le cadre du grand groupe des zoophobies, phobies des animaux.

L'entomophobie peut concerner tous les insectes ou être spécifique à un groupe d'insectes, on connaît la peur des papillons (lépidophobie), la peur des cafards (katsaridaphobie), la peur des abeilles (apidophobie), la peur des fourmis (myrmécophobie)…

Cette peur aurait pour origine l'aspect répugnant de certains insectes faisant penser au manque d'hygiène comme les blattes, les poux, les punaises ou les puces. Elle peut résulter également d'une mauvaise expérience avec les insectes (piqûre douloureuse, choc anaphylactique…). La peur des insectes venimeux ne peut être à notre sens considérée comme une entomophobie pour peu que cette peur soit contrôlée et d'intensité normale. Il s'agit de la peur des abeilles, des frelons, des guêpes…

L'entomophobie est à différencier de l'arachnophobie, qui est la peur des arachnides, notamment les araignées. Le terme entomophilie n'est pas l'antonyme d'entomophobie ; il désigne les espèces de plantes qui sont pollinisées par les insectes. La langue française ignore ainsi les passionnés par les insectes et les classe à tort avec les scientifiques (les entomologistes) !

[1] Entomophobie : du grec, *entomon*, insecte et *phóbos*, peur.

ESPÈCE

Il existe plusieurs définitions de l'espèce, mais on convient que l'espèce regroupe les individus se ressemblant, qui sont interféconds entre eux et donnent une descendance fertile. Certains insectes appartiennent à deux espèces différentes mais sont morphologiquement similaires tant et si bien qu'ils sont confondus et, assez souvent, seule la biologie moléculaire permet de les distinguer. On parle dans ce cas d'espèces cryptiques.

On dénombre environ un million[1] d'espèces d'insectes décrites par les scientifiques mais de nouvelles sont découvertes régulièrement. Les estimations sont très variables, on s'accorde à penser que les espèces d'insectes non encore connues se comptent en millions. Certains auteurs estiment que nous ne connaissons que 20% des espèces d'insectes présentes sur Terre[2].

L'espèce est un niveau de taxon très important en entomologie médico-vétérinaire, il permet de distinguer les divers groupes de parasites pouvant avoir des morphologies similaires avec des rôles pathogènes totalement différents.

Dans la nomenclature binomiale, le nom d'espèce est précédé par celui du genre, par exemple pour désigner l'être

---

[1] Il n'y a pas de consensus sur le nombre d'espèces d'insectes connues, certains auteurs l'estiment à 700 000, d'autres à un million et même à 1,3 million.

[2] Stork NE. 2018. How many species of insects and other terrestrial arthropods are there on earth? *Annual Review of Entomology*. 63: 31-45. Doi: 10.1146/annurev-ento-020117-043348.

humain moderne, on parlera d'*Homo sapiens*. Seule la première lettre du genre s'écrit en majuscules. Le nom du genre et d'espèce s'écrivent tous les deux en italique car ces noms sont en langue étrangère, en l'occurrence le latin, utilisé car c'est une langue morte qui ne risque pas d'évoluer et la signification des noms n'évolue pas avec le temps[1].

EXOSQUELETTE

Étant des arthropodes, les insectes ne possèdent pas de squelette interne mais externe, appelé exosquelette. Il est constitué de plusieurs couches ayant chacune une fonction différente et dont l'épaisseur et la constitution varient en fonction de l'espèce. Comme une peau, la cuticule protège le corps de l'insecte des agressions du milieu extérieur, elle intervient dans la communication entre les individus et permet la fixation des muscles de l'arthropode.

La partie la plus externe de l'exosquelette, l'épicuticule est imperméable, elle évite la déshydratation de l'insecte ou le passage d'eau pour les espèces aquatiques. Durant la métamorphose, l'endocuticule est lysée (ce phénomène est appelé l'apolyse), l'insecte se débarrasse alors des autres parties de la cuticule, qui restent intactes (elles constituent l'exuvie).

La cuticule a été très étudiée car c'est une cible potentielle pour plusieurs insecticides.

---

[1] Gharbi M. 2020. La nomenclature binomiale est utile pour les vétérinaires. *Bulletin de l'Académie Vétérinaire de France*. 2020. Doi : 10.4267/2042/70852.

GASTÉROPHILE

C'est un genre d'insectes diptères de la famille des œstridés (de la même famille que *Oestrus ovis,* agent de la maladie du tournis du mouton).

Les larves de cet insecte sont des parasites du tube digestif des équidés et des cervidés. Ces hôtes éliminent des larves stade 3 avec leurs fèces qui se mettent à l'abri dans le sol et se transforment en pupes. Après environ un mois, les adultes émergent des pupes : ce sont des mouches mâles et femelles qui volent mais ne se nourrissent jamais.

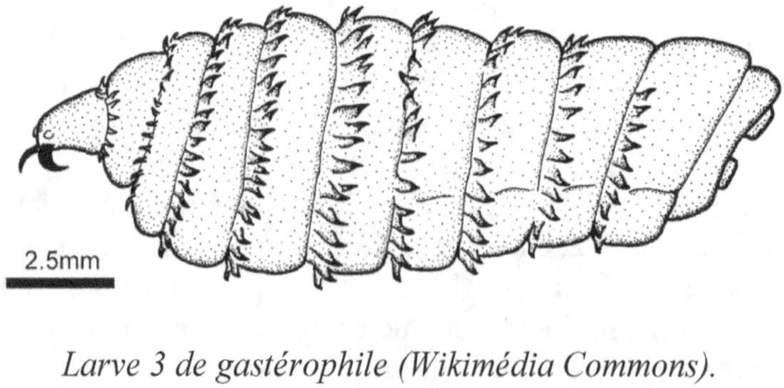

Larve 3 de gastérophile (Wikimédia Commons). Notez la présence de rangées d'épines sur chaque segment.

Les adultes sont actifs pendant les heures chaudes de la journée à l'extérieur car ils vivent sur les réserves accumulées durant les stades larvaires. Après accouplement, la femelle pond des œufs sur les poils des membres antérieurs des équidés (ou sur le sol pour *Gasterophilus pecorum*). Lorsque l'animal se lèche, il provoque l'éclosion des œufs, qui donnent des larves stade 1. Ces dernières sont avalées par l'hôte et se fixent dans différentes parties du tube digestif en fonction de l'espèce du parasite et de son stade, induisant une parasitose appelée gastérophilose.

Cette parasitose se traduit par différents symptômes notamment une myiase[1] cutanée rampante et une myiase digestive. Chez certains équidés intensément infestés, ce parasite peut provoquer des ulcères, voire une perforation de l'estomac.

La lutte contre ces insectes passe par l'administration d'un antiparasitaire endectocide[2] *per os* (par voie orale) lorsque toutes les larves sont au stade parasite. La lutte ne doit en aucun cibler les adultes pour trois raisons :

(i) Les adultes sont des mouches qui ne se nourrissent jamais.

(ii) Les adultes vivent dans des espaces ouverts difficiles à atteindre avec les insecticides.

(iii) Les adultes ne vivent que pendant une brève période de l'année (durant la belle saison).

---

[1] Myiase : infestation par les larves de diptères.

[2] Endectocide : mot composé de *endo* (endoparasite) *ecto* (ectoparasite) et *cide* (tuer). Antiparasitaire actif sur plusieurs ectoparasites et endoparasites.

GÉNÉTIQUE

La génétique est une science relativement récente qui a été d'un grand secours pour l'entomologie, elle lui a fourni une myriade d'outils précis et très performants. La génétique permet d'abord de confirmer la diagnose morphologique des insectes et donc de découvrir des espèces cryptiques (deux espèces confondues car morphologiquement très similaires) et de comparer leurs patrimoines génétiques. Il est possible alors de construire des arbres phylogénétiques permettant de visualiser les relations génétiques entre des insectes pouvant appartenir à la même espèce ou à des espèces différentes. La génétique est également utilisée pour dépister des gènes de résistance aux insecticides chez les espèces les plus importantes comme les glossines, les anophèles ou les *Aedes*. Enfin, pour des raisons évidentes (prolificité, temps de génération court, facilité d'élevage et de manipulation génétique, absence de contraintes de respect du bien-être), les insectes sont utilisés en génétique fondamentale pour étudier les gènes (leur fonctionnement, leurs rôles, impact de leur manipulation…) et effectuer des croisements sur plusieurs générations. Tous les lycéens ayant reçu des cours de biologie connaissent les différents croisements qu'on peut effectuer sur les drosophiles (mouche du vinaigre).

Lors d'une étude de la faune entomologique dans un écosystème donné, procéder à une identification morphologique sous la loupe, ou le microscope des spécimens d'insectes collectés prendrait des années. Une nouvelle technique de spectrométrie est venue au secours des entomologistes : la MALDI TOF (*Matrix Assisted Laser Desorption Ionization - Time of Flight*)[1]. Moyennant un appareil spécial et des bases de données qui ne cessent de s'enrichir tous les jours, cette technique permet de faire la diagnose (identification de l'espèce) des insectes étudiés sans passer par les très longs et fastidieux examens visuels. Un bémol cependant : le prix de cet appareil, qui est néanmoins compensé par le faible coût unitaire des analyses et leur rapidité.

GÎTE

Les gîtes larvaires des insectes sont des biotopes spécifiques choisis par les femelles d'insectes pour la ponte. Ces gîtes sont très importants en entomologie médico-vétérinaire car la lutte contre certains insectes peut être effectuée efficacement en ciblant les larves (et les nymphes) présentes dans ces gîtes. C'est le cas par exemple des larves et des nymphes de moustiques toutes les deux aquatiques. Néanmoins, les caractéristiques des gîtes larvaires des moustiques varient en fonction de l'espèce. Ainsi, les femelles choisissent de pondre dans des eaux ayant divers degrés de salinité (eaux douces, saumâtres ou salées), différentes concentrations en matière organique (eau pure ou riche en matière organique), différents volumes (petites

[1] Carbonnelle E. et Nassif X. 2011. Utilisation en routine du MALDI-TOF-MS pour l'identification des pathogènes en microbiologie médicale. *Médecine/Sciences* (Paris). 27 (10), 882 – 888. Doi : https://doi.org/10.1051/medsci/20112710017.

collections d'eau ou au contraire de grands volumes d'eau) et différents degrés de pollution (eau propre ou polluée). Par exemple, la femelle du moustique tigre (*Aedes albopictus*) pond dans des collections artificielles d'eau de faible volume comme les gouttières, les vases, les pots, les fûts, les bidons, les rigoles, les avaloirs pluviaux, les pneus usagés... Les larves et les nymphes de *Culex pipiens*, moustique très fréquent en milieu urbain et de ce fait considéré comme moustique domestique, peuvent s'accommoder des eaux très polluées. Les larves des phlébotomes quant à elles, ne sont pas aquatiques, elles ont des gîtes totalement différents de ceux des moustiques, elles vivent dans des milieux humides et riches en matière organique. Ce qui rend difficile la lutte contre les larves de ces insectes dans leurs gîtes.

En plus des gîtes larvaires, les insectes ont également des gîtes de repos. Ce sont des endroits abrités dans lesquels les insectes hématophages se reposent après le repas sanguin pour digérer. Ces gîtes varient en fonction du comportement de l'espèce. Ils sont représentés, pour les insectes exophiles, par les creux de troncs d'arbres, les anfractuosités... Par contre, les gîtes de repos des insectes endophiles se situent dans les habitations et divers locaux d'élevage.

Ainsi, lorsqu'une action de lutte contre un insecte est programmée, l'entomologiste prospecte les gîtes larvaires pour inventorier la faune entomologique présente, étudier sa dynamique d'activité et à la lumière de ces données, proposer les actions de lutte idoines. Ces actions doivent prendre en considération plusieurs critères en relation avec la bio-écologie de l'insecte cible certes mais aussi en relation avec le risque représenté par cette espèce et le contexte général dans lequel s'inscrit cette lutte (moyens humains et financiers disponibles, priorités en santé humaine et animale, risques encourus pour l'environnement…).

La prospection des gîtes larvaires des moustiques est effectuée périodiquement pour évaluer la population des moustiques causant une nuisance ou transmettant des agents pathogènes. Plus spécifiquement, la surveillance de l'anophélisme consiste à effectuer un suivi des populations des anophèles dans les pays où le paludisme a été éradiqué. Ce suivi permet de quantifier la population de vecteurs et de vérifier s'ils sont infectés par le protozoaire *Plasmodium*, l'agent étiologique du paludisme.

GLOSSINE

Ce groupe de mouches est plus connu sous le nom générique de tsé-tsé (mot en langue tswana qui veut dire la mouche qui tue le bétail).

Il s'agit de mouches hématophages diurnes[1] de 6 à 17 mm de taille. La distribution géographique des glossines est limitée à 38 pays d'Afrique subsaharienne. Il y aurait 34 espèces de glossines appartenant toutes au genre *Glossina*.

[1] Insecte diurne : espèce active pendant le jour.

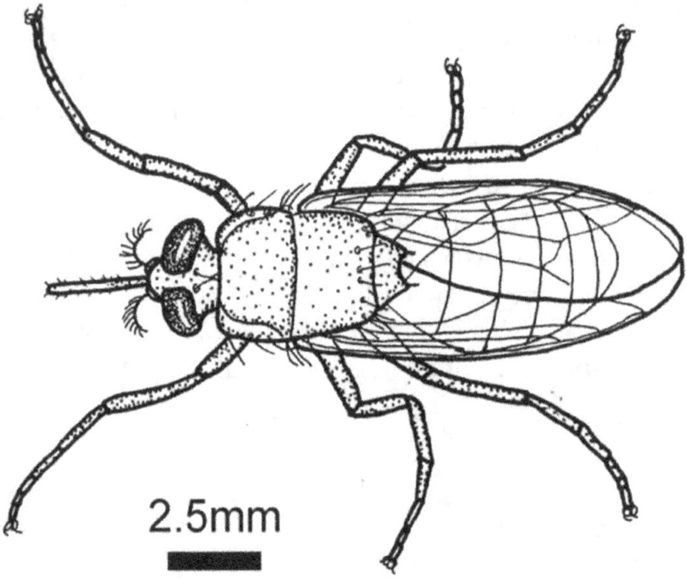

Glossine (Wikimédia Commons).
Notez la trompe à position verticale.

Les glossines sont divisées en fonction de plusieurs critères, notamment leurs niches écologiques, en trois sous-genres : les glossines riveraines et lacustres (sous-genre *Palpalis*), de forêt (sous-genre *Fusca*) et de savane (sous-genre *Morsitans*).

Le cycle biologique des glossines est particulier, la femelle ne développe qu'un seul œuf donnant trois stades larvaires successifs dans le corps de la mère. Cette dernière dépose la larve 3 dans un endroit humide s'enfonçant rapidement dans le sol pour se transformer aussitôt en pupe. Après en moyenne un mois de développement, l'imago émerge de la pupe.

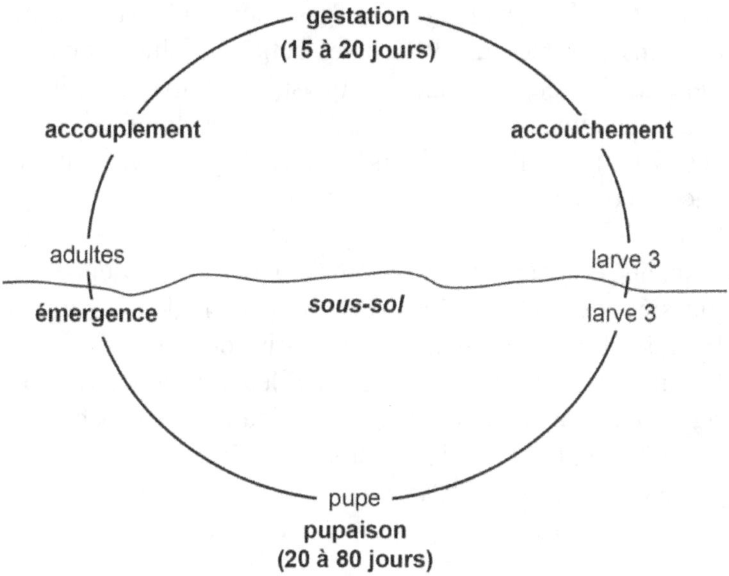

Cycle biologique général des glossines.

En plus du rôle pathogène direct dû à leur régime alimentaire hématophage, les glossines ont un rôle vecteur considérable, ce sont les vecteurs biologiques et mécaniques (si l'intervalle entre deux repas sanguins est relativement court, cela arrive quand la mouche est dérangée avant de finir son repas sanguin) des trypanosomiases à glossine qui touchent l'être humain (trypanosomiases humaines africaines) et le bétail (trypanosomiases animales africaines ou nagana).

La lutte contre les glossines passe par l'utilisation de pièges ou l'application d'insecticides. La technique de l'insecte stérile (TIS) a été appliquée avec succès dans certaines régions d'Afrique, notamment à l'île de Zanzibar en Tanzanie. La TIS est très coûteuse et ne peut cibler qu'une seule espèce de glossines. La très grande superficie de l'aire de distribution des glossines en Afrique subsaharienne (environ 10 millions de km^2) et leur présence dans des écosystèmes sauvages non accessibles aux humains et donc aux différentes actions de lutte, fait que l'éradication des glossines est quasi impossible. De plus, il existe un débat quant à l'impact écologique de l'éradication des glossines (même si leurs rôles écologiques ne sont pas encore connus).

La lutte repose sur la protection individuelle des humains et des animaux domestiques. La présence des glossines est un frein réel au développement de l'élevage de bovins et d'équins, notamment l'introduction de races bovines exotiques ayant une meilleure productivité. Le nagana impacte de manière significative la capacité de travail de la terre par les bœufs et les équidés ainsi que la production de lait et de viande.

HÉMATOPHAGE[1]

Certains auteurs utilisent le terme « sanguivore » pour désigner les êtres vivants hématophages. Ce sont des espèces se nourrissant du sang d'autres animaux.

L'hématophagie n'est pas limitée aux insectes, il existe aussi des nématodes (les vers gastro-intestinaux des mammifères), des acariens (notamment les tiques), des poissons (les lamproies), des oiseaux (une espèce de pinson), et même des mammifères (les chauves-souris vampires) à régime hématophage.

Chez certaines espèces d'insectes, seule la femelle est hématophage, c'est le cas par exemple de la majorité des

[1] Hématophage : du grec *haima* : sang et *phagein* : manger.

moustiques. Le repas sanguin sert uniquement à la maturation de leurs œufs, car aussi bien les femelles que les mâles des moustiques sont nectarivores. Par contre, chez quelques espèces d'insectes, mâles et femelles sont hématophages (c'est le cas par exemple des puces et des poux…).

L'insecte hématophage est attiré par divers stimuli variant d'une espèce à l'autre, il s'agit de stimuli chimiques, thermiques, hydriques et visuels. Une fois le repas sanguin achevé, certains attractifs deviennent au contraire répulsifs : ils repoussent ainsi l'insecte loin de son hôte. Cette dualité est surtout relevée chez les insectes volants ne pouvant pas rester longtemps sur leurs hôtes car ces derniers les chassent. L'activité répulsive est par contre absente chez les puces et les poux, qui sont des parasites permanents ne quittant pas leurs hôtes à la fin du repas sanguin.

Lors du repas sanguin, l'insecte injecte de la salive, qui peut contenir plusieurs agents pathogènes infectant ainsi l'hôte. Par contre, l'aspiration du sang contenant les agents pathogènes présents chez l'hôte, provoque l'infection de l'insecte lui-même. Lorsque l'insecte introduit ses pièces buccales comme une aiguille il peut soit aller chercher le sang directement dans un vaisseau sanguin (ce mode de nutrition s'appelle la solénophagie, c'est le cas des moustiques) soit créer une mare de sang à partir de laquelle l'insecte aspire le sang (ce mode de nutrition s'appelle la telmophagie, c'est le cas des phlébotomes).

Chez certaines espèces d'insectes, la trompe peut se trouver engorgée par les agents pathogènes (c'est le cas des leishmanies[1], qui obstruent les pièces buccales des phlébotomes), il peut s'agir aussi de l'intestin d'autres

---

[1] Leishmanies : protozoaires affectant plusieurs espèces animales notamment le chien, le chat et l'être humain et provoquant les leishmanioses. Ces protozoaires sont transmis par les phlébotomes.

insectes (c'est le cas des agents de la peste humaine, qui obstruent l'intestin des puces). Ainsi, lorsque ces insectes effectuent un repas sanguin, ils n'arrivent pas à aspirer la quantité de sang suffisante, ils passent alors rapidement à un autre hôte, ce qui augmente leur rôle vecteur.

L'hématophagie peut être à l'origine d'une anémie lorsque les animaux sont lourdement infestés, notamment s'ils sont de petite taille, c'est le cas par exemple des infestations par les tiques et les puces.

La salive des insectes hématophages contient plusieurs antigènes. Le système immunitaire de l'hôte peut réagir avec une intensité très variable pouvant aller d'une petite réaction inflammatoire locale jusqu'à l'installation d'une hypersensibilité cutanée, comme chez les carnivores allergiques aux piqûres de puces ou les équidés atteints de la dermatite estivale récidivante, qui est une allergie aux piqûres des insectes hématophages, notamment les culicoïdes.

Généralement, les hôtes se rendent compte de la piqûre lorsque l'insecte a déjà fini son repas sanguin et les a même quittés. Cela est dû à la présence de substances analgésiantes dans la salive. Cette dernière contient également des substances anticoagulantes qui empêchent la coagulation du sang absorbé par l'hôte dans le tube digestif de l'insecte. La salive contient plusieurs autres molécules, l'ensemble est appelé le sialome, qui est actuellement très étudié car il peut contenir des substances pouvant servir à la lutte contre les insectes (la production de vaccins par exemple).

HÉMOLYMPHE

Liquide biologique équivalent du sang des vertébrés mais de couleur verdâtre, l'hémolymphe est composée de plasma et d'hémocytes (plusieurs types cellulaires ayant différentes fonctions).

L'hémolymphe circule dans l'organisme de l'insecte au moyen de plusieurs mécanismes, notamment les battements cardiaques et les contractions du corps de l'insecte. L'hémolymphe a plusieurs rôles : immunitaire, évacuation des déchets, cicatrisation, transport de différentes molécules...

Contrairement au sang des vertébrés, chez les diptères, l'hémolymphe n'intervient pas dans les échanges gazeux. Rappelons que le système immunitaire des insectes est très archaïque, ce qui est en soi un avantage car cela leur permet de tolérer nombre de microorganismes.

HEXAPODES

C'est un sous-embranchement qui englobe les arthropodes possédant à l'âge adulte trois paires de pattes et dont le corps est divisé en trois parties : la tête, le thorax et l'abdomen. Les hexapodes comprennent plus d'un million d'espèces mais plusieurs autres millions sont à découvrir. Les hexapodes ont été récemment divisés en quatre classes en fonction de critères morphologiques et génétiques :

(i) La classe des insectes.
(ii) La classe des diploures : possèdent des cerces à l'extrémité postérieure de leur corps.
(iii) La classe des protoures : ne possèdent ni yeux ni antennes.
(iv) La classe des collemboles : possèdent au niveau de l'abdomen une fircula et un tube ventral.

HIPPOBOSQUES[1]

Ce sont des insectes de type mouche qui font 7 à 9 mm de taille, ils parasitent plusieurs espèces d'oiseaux et de mammifères, notamment les équidés. Les hippobosques peuvent piquer aléatoirement l'être humain.

La femelle dépose des pupes sur le corps de l'hôte ou dans le fumier et autres détritus. De ce fait, ces espèces sont qualifiées de pupipares. Un imago en émerge, après environ 20 jours. La prolificité de ces espèces est faible : chaque femelle ne pond durant toute sa vie que 5 à 6 pupes[2].

---

[1] Hippobosques : du grec, *hippoboskós*, celui qui élève des chevaux car ces insectes parasitent fréquemment les équidés.

[2] La prolificité des femelles est basse chez les espèces d'insectes ayant un faible taux de mortalité, c'est le cas par exemple des hippobosques. Par contre, la prolificité est élevée chez les espèces ayant de forts taux de mortalité comme les culicidés car les divers stades représentent une source de nourriture pour plusieurs espèces aquatiques (pour les larves

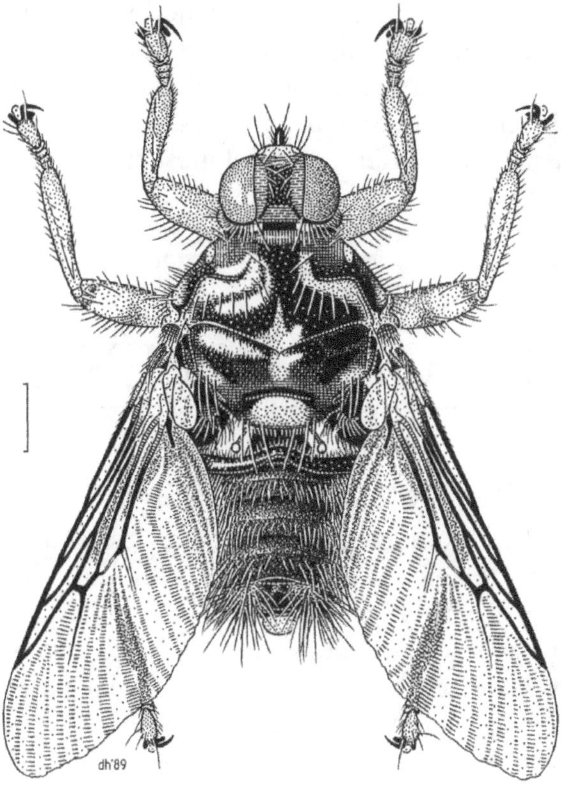

Hippobosque (Wikipédia).
Notez la présence de griffes permettant à l'insecte de s'agripper sur le corps de son hôte.

Les hippobosques sont hématophages pour les deux sexes et transmettent *Trypanosoma theileri* aux bovins. Cette espèce de trypanosome n'est pas pathogène mais elle doit être différenciée des autres trypanosomes pathogènes pouvant infecter les bovins.

---

et les nymphes) et aériennes (pour les adultes, notamment les chauves-souris).

La lutte contre les hippobosques repose surtout sur l'observation des règles d'hygiène consistant en un nettoyage régulier et soigné du sol et des locaux d'élevage qui permet de détruire les pupes. Il est possible également d'appliquer des insecticides sur les animaux mais cette mesure n'a qu'un effet répulsif et n'est pas dénuée d'effets négatifs.

HORMONE JUVÉNILE

C'est une hormone synthétisée par les insectes, elle a plusieurs fonctions métaboliques. Comme son nom l'indique, elle maintient les caractères juvéniles de l'insecte en favorisant les mues larvaires et retardant la métamorphose en imagos. L'hormone juvénile conditionne l'activité de l'hormone de mue (appelée l'ecdysone). Si l'hormone juvénile est présente, l'ecdysone provoque une mue larvaire. Si l'hormone juvénile est absence, l'écdysone déclenche une métamorphose.

Des analogues de cette hormone ont été synthétisés, ils sont appelés les juvénoïdes. Ces molécules permettent de bloquer la croissance des stades larvaires des insectes. Le méthoprène est utilisé comme insecticide pour lutter contre les stades exogènes des puces chez le chat et le chien. Ces stades sont très difficiles à atteindre avec les insecticides classiques car ils vivent dans le milieu extérieur et ont un comportement géotrope positif (ils se rapprochent du sol, s'enfoncent dans les tapis et les moquettes) et phototrope négatif (ils fuient la lumière).

HÔTE

L'hôte est un être qui héberge le parasite. Cette relation hôte-parasite a été qualifiée par Claude Combes (1935 – 2021) d'interaction durable[1]. Cette durabilité est variable en fonction de l'espèce de parasite. Ainsi, certains parasites ne sont présents sur leurs hôtes que pendant quelques secondes, c'est le cas des diptères hématophages volants (moustiques, glossines, phlébotomes…). Par contre, les équidés hébergent les gestérophiles dans leurs tubes digestifs pendant environ10 mois. Ainsi, le statut d'hôte est très variable, il peut ne durer que quelques secondes ou au contraire plusieurs années, voire toute la vie du sujet comme c'est le cas *Toxoplasma gondii* (protozoaire agent étiologique de la toxoplasmose).

Dans tout le monde animal, chaque espèce, qu'elle soit terrestre, aquatique, marine, aérienne ou vivant dans des milieux extrêmes (abysses, sources d'eau chaude…) constitue un hôte pour plusieurs parasites. L'absence d'hôtes préférentiels pour certains insectes les oblige à parasiter d'autres espèces, il s'agit alors d'hôtes dits accidentels. Ce changement d'hôtes peut parfois être sans impact sur la vie de l'insecte ou au contraire, bloquer son cycle biologique. Dans ce cas, l'hôte est taxé d'impasse épidémiologique ou cul-de-sac épidémiologique comme c'est le cas pour *Oestrus ovis* (œstres des ovins) ou

[1] Combes C. 1995. *Interactions durables, Écologie et évolution du parasitisme*. Éd. Masson, 524 pp.

Hypoderma sp. (hypodermes des bovins) s'ils parasitent l'être humain par exemple.

HYPODERME

C'est un genre d'insectes diptères dont les larves sont des parasites obligatoires des bovins et accidentellement d'autres mammifères, notamment les équidés mais aussi l'être humain. L'infestation par les larves de ce parasite donne une parasitose appelée hypodermose.

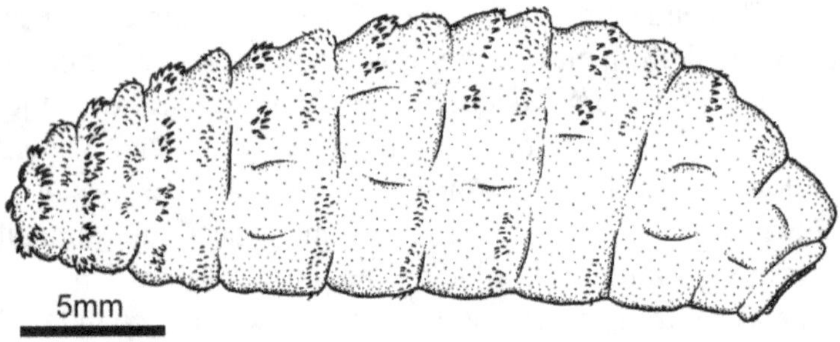

*Larve 3 d'*Hypoderma *(Wikimédia Commons).*
Notez la présence de tubercules sur les différents segments de la larve.

Sans jamais se nourrir, les adultes s'accouplent, la femelle pond alors des œufs qui se fixent comme les lentes sur le pelage des bovins. Afin d'économiser les ressources énergétiques, la femelle pond à l'extérieur des étables, pendant les heures chaudes de la journée en plein soleil. Cette mesure de parcimonie énergétique a permis de qualifier les hypodermes d'héliophiles[1]. Les œufs éclosent pour donner des larves effectuant des migrations dans le tissu conjonctif intermusculaire qui les acheminent soit au niveau de la moelle épinière ou la sous-muqueuse œsophagienne. Ensuite, les larves passent au niveau du tissu conjonctif sous-cutané dorso-lombaire, elles créent des pertuis par lesquels elles respirent par le biais de leurs stigmates. Ces nodules sont connus par les éleveurs sous le nom de varron (ou varon). À la belle saison, les larves stade 3 sortent des pertuis et se laissent choir sur le sol pour se transformer en pupes. Ces dernières donnent des adultes volants, mâles et femelles.

Comme les adultes ne se nourrissent jamais, ils sont relativement sédentaires, ce qui facilite la mise en place de programmes de lutte régionaux. Ils reposent sur un traitement précoce pendant la fin de l'été visant les larves en migration (les animaux reçoivent une injection intradermique de microdose d'ivermectine) et un traitement insecticide pendant la belle saison visant la destruction des larves sous-cutanées ayant échappé au traitement précoce d'été. Le traitement d'insecticide est de ce fait qualifié de mesure de rattrapage.

L'hypodermose est une zoonose mineure provoquant la formation de nodules contenant les larves qui n'évoluent jamais en larves stade 3 chez l'être humain. Ce dernier est donc une impasse épidémiologique pour les hypodermes.

---

[1] Héliophile : du grec *hêlios*, soleil et *philos*, ami.

ICEBERG

Le principe de l'iceberg est connu pour toutes les infections, qu'il s'agisse de virus, de bactéries, de champignons ou de parasites. À l'instar d'un iceberg, la partie immergée des infections constituée de sujets infectés asymptomatiques est de loin beaucoup plus grande que la partie émergée représentée par les sujets exprimant des symptômes suite à cette infection.

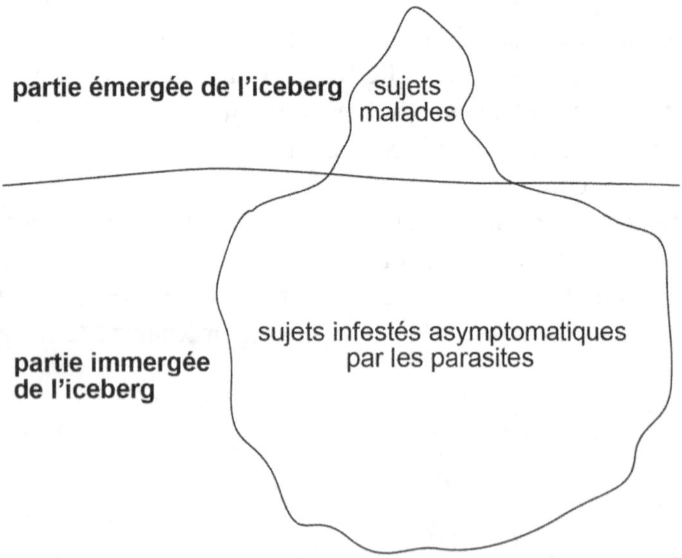

Effet iceberg en épidémiologie.
Notez que la partie immergée de l'iceberg est de loin plus grande que la partie émergée.

Cette distinction est fort pertinente en entomologie car les sujets infectés par un agent pathogène transmis par les vecteurs jouent un rôle épidémiologique très important à deux titres :

(i) Les sujets asymptomatiques représentent une source insoupçonnée d'agents pathogènes contaminant d'autres sujets. Cette infection peut durer plusieurs mois, voire plusieurs années et donc ce rôle réservoir est joué par ces sujets pendant de très longues périodes.

(ii) Les sujets asymptomatiques sont moyennement infectés, ils transmettent de ce fait l'agent pathogène aux vecteurs sans les tuer. En effet, lorsqu'ils sont lourdement infectés, les vecteurs biologiques eux-mêmes peuvent développer des lésions et même mourir car l'agent pathogène se développe dans leurs organes (tube digestif, glandes salivaires...).

IMAGO

C'est le terme approprié pour désigner les adultes d'insectes. Les imagos peuvent être morphologiquement similaires (insectes appartenant au superordre des holométaboles) aux immatures ou totalement différents (insectes appartenant au superordre des hétérométaboles). Dans ce dernier cas, la métamorphose est complète.

INSECTE

Les insectes sont des arthropodes hexapodes (possèdent trois paires de pattes au stade adulte) ayant un exosquelette (squelette externe) composé principalement de chitine.

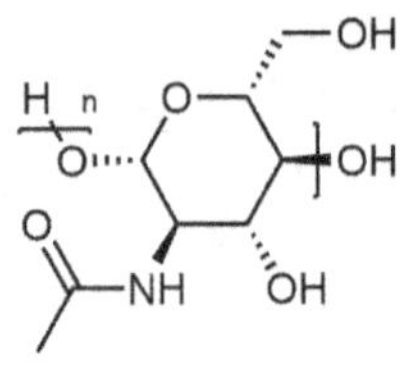

Structure chimique de la chitine (Wikipédia).

Les insectes représentent une très grande classe, elle contient environ 1 013 825 espèces répertoriées et chaque année, environ 7 000 nouvelles espèces sont décrites.

Il existe plusieurs études tentant d'estimer le nombre réel d'espèces d'insectes. Il y aurait entre 5,4 et 7,2 millions d'espèces d'insectes sur Terre. La courbe de découverte permet de réaliser ces estimations. Ainsi, sur 1 690 espèces d'hémiptères collectées pendant une année dans une expédition en Indonésie, 62,5% d'entre elles étaient nouvelles[1]. Rappelons que Carl von Linné avait estimé le nombre total d'espèces animales sur Terre à seulement 20 000.

---

[1] Stork NE. How many species of insects and other terrestrial arthropods are there on earth? 2018. *Annual Review of Entomology*. 63: 31-45. Doi: 10.1146/annurev-ento-020117-043348.

Parmi toutes ces espèces, les parasites constituent une fraction infime. En effet, il a été estimé que 40% des espèces animales vivantes sont des parasites. Ce pourcentage est très faible chez les insectes.

Le corps des insectes est composé de trois parties : la tête (absente par exemple chez les acariens qui ont un rostre), le thorax et l'abdomen. À l'âge adulte, ils possèdent trois paires de pattes articulées et chitinisées.

Les insectes présentent deux paires d'ailes fixées sur le thorax ayant évolué chez plusieurs groupes d'insectes. Certains les ont gardés (cas des insectes appartenant à l'ordre des odonates, ce sont les libellules), d'autres ont transformé une paire d'ailes en élytres (cas des coléoptères), en balanciers (cas des moustiques et des mouches), d'autres n'ont gardé les ailes que pendant une période de leur vie (cas des fourmis) et enfin un autre groupe a totalement perdu les deux paires d'ailes (cas des poux, des puces…).

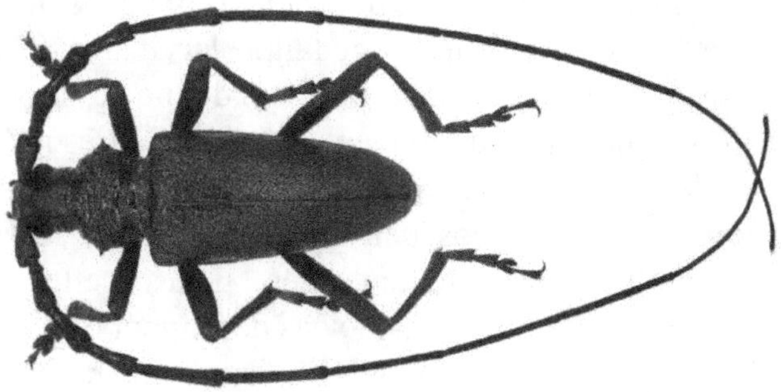

Capricorne du chêne Cerambyx cerdo *(Wikimédia Commons).*
Notez la présence de longues antennes, de trois paires de pattes articulées. Les ailes de cette espèce sont cachées sous les élytres.

Comme le corps des insectes est protégé par un exosquelette rigide, ils ne peuvent pas connaître de croissance volumétrique continue. De ce fait, les insectes effectuent des mues qui leur permettent cette croissance volumétrique, une adaptation morphologique ou anatomique à un nouveau mode de vie, c'est la métamorphose. Les insectes passent par quatre stades : l'œuf, la larve (certaines espèces passent par plusieurs stades larvaires), la nymphe et l'imago (comportant des sujets mâles et femelles).

L'œuf est pondu par les insectes femelles après l'accouplement. Néanmoins, certains peuvent pondre des œufs non fécondés, c'est la parthénogenèse bien connue chez les abeilles. Le nombre d'œufs pondus par les femelles est variable mais il est généralement élevé, ce qui permet de compenser la mortalité entre ce stade et le stade adulte. Les œufs peuvent être protégés dans une structure chitinisée qu'on appelle l'oothèque, comme chez les mantes religieuses et les blattes.

Certains insectes ne pondent pas des œufs mais donnent des larves, ils sont qualifiés de ce fait de larvipares. C'est le cas des œstres comme *Oestrus ovis,* qui donne des larves au stade 1 (désignées le plus souvent en L1). D'autres insectes donnent des larves au stade 3 (L3) se transformant aussitôt en nymphes, c'est le cas des glossines. Enfin, certaines espèces donnent directement des pupes, elles sont qualifiées de pupipares, tel est le cas des hippobosques.

L'éclosion de l'œuf donne une larve. Le nombre de stades larvaires est variable en fonction des espèces d'insectes. Par exemple, les moustiques passent par 4 stades larvaires aquatiques. La larve des lépidoptères (ordre auquel appartiennent les papillons) est appelée chenille, par contre celle des mouches est dite asticot.

La larve se métamorphose en nymphe, soit mobile (cas des nymphes des moustiques qui sont des formes nageuses), soit immobile, elle est dans ce cas protégée dans une coque. Dans ce dernier cas, on lui attribue plusieurs noms comme la chrysalide pour les lépidoptères, cocon pour les puces et pupe pour les mouches.

La nymphe se métamorphose en adulte appelé dans le cas des insectes, l'imago. Il peut s'agir d'un mâle ou d'une femelle.

À côté de ce cycle de vie, qui caractérise les insectes holométaboles, il existe un autre plus simple (insectes hétérométaboles). Dans ce groupe d'insectes, il n'existe pas de stades immobiles entre la larve et l'imago. Si la larve et l'adulte vivent dans le même milieu, on parle d'insectes paurométaboles (c'est le cas des insectes appartenant à l'ordre des orthoptères, les criquets) sinon, on les qualifie d'hémimétaboles (c'est le cas des insectes appartenant à l'ordre des odonates, les libellules).

Il existe un autre groupe d'hexapodes, les amétaboles dans lequel les juvéniles sont identiques aux adultes. Ce sont les collemboles, les diploures et les thysanoures. Ces hexapodes ont été exclus de la classe des insectes.

Les insectes sont des poïkilothermes (leur température dépend de celle du milieu dans lequel ils vivent). Ce caractère conditionne leur rythme de vie. Lorsque la température devient extrême, ils passent par des phases de léthargie appelée léthargie estivale (ou estivation) et léthargie hivernale (ou hibernation). Ce phénomène conditionne l'épidémiologie des infections transmises par les insectes car, pendant une période plus ou moins longue, ces insectes sont inactifs, les hôtes perdent alors l'immunité contre les agents pathogènes que ces insectes transmettent. Aussitôt que la température devient favorable, se produit une réactivation synchrone de ces insectes. Cette réactivation est le plus souvent à l'origine d'une augmentation brusque du nombre de nouvelles infections par les agents vectorisés par ces insectes.

Les insectes ont une très grande capacité adaptative et une très grande biodiversité. Ils ont pu envahir tous les écosystèmes sur Terre, des plus froids aux plus chauds, des plus humides aux plus secs. Ils vivent dans le sol, sur le sol, sur l'eau, dans l'eau de différentes natures (saumâtre, douce, propre, polluée, stagnante, vive, fraîche, chaude, à notre connaissance les seuls insectes marins sont les halobates[1]…), dans l'air, parasites de végétaux, d'animaux et de l'être humain.

Les insectes parasites peuvent être des parasites obligatoires (leur cycle ne peut s'achever que s'ils passent par cette phase parasitaire, c'est le cas des hypodermes, des poux, des puces…), des parasites facultatifs (ils ne deviennent parasites que si les conditions sont favorables, c'est le cas de plusieurs agents de myiases) et parasites accidentels (cas de l'éristale tenace qui est un insecte pollinisateur).

Les insectes peuvent être des ectoparasites, ils vivent à la surface ou à proximité de la peau de l'être humain et des animaux (cas des puces, des poux, des mouches, des moustiques, des phlébotomes…), des mésoparasites (cas des œstres…) ou des endoparasites (cas des hypodermes).

La symbiose de nettoyage est une forme particulière d'association entre les animaux durant laquelle une espèce assure le déparasitage d'une autre ce qui permet une régulation des populations parasitaires. Cette association de mutualisme est fréquente chez les poissons car ils ne peuvent pas d'eux-mêmes se débarrasser de leurs parasites. Les hérons garde-bœufs débarrassent les grands herbivores sauvages de leurs ectoparasites composés de tiques (qui sont des acariens) et d'insectes. La symbiose de nettoyage permet non seulement de débarrasser les animaux de leurs parasites mais aussi de réguler les populations parasitaires.

---

[1] Les halobates sont des insectes de la famille des Gerridae (araignées d'eau).

D'une manière générale, les insectes sont menacés par quatre facteurs :

(i) Les entomologistes amateurs : ce facteur est totalement omis par la majorité des auteurs abordant le problème du déclin des insectes. Il faut préciser que les entomologistes amateurs collectionnent les insectes et notamment ceux ayant certaines caractéristiques (insectes géants, très colorés, à morphologie particulière ou malheureusement, les insectes rares). Cette activité a provoqué le déclin de plusieurs espèces d'insectes avec l'installation d'un braconnage associé à un réel réseau de trafiquants.

(ii) Les insecticides massivement utilisés en agriculture conventionnelle, en médecine vétérinaire et dans les habitations. Ces insecticides ont une action sur les insectes ciblés mais aussi sur toute l'entomofaune[1] non ciblée.

(iii) La lumière : elle affecte surtout les insectes nocturnes qui perdent leurs repères et se trouvent alors totalement désorientés.

(iv) L'habitat des insectes : qui peut être atteint de trois manières :

   a. Dégradation de l'habitat : elle peut être consécutive à l'introduction d'une espèce de plante invasive par exemple.
   b. Perte de l'habitat : les insectes ne trouvent plus ni où vivre, ni où se nourrir, ni où se reproduire.
   c. Fragmentation de l'habitat : la majorité des insectes ne peuvent pas se déplacer sur de grandes distances et de ce fait, la

[1] Entomofaune : ensemble d'insectes présents dans une région ou un pays.

fragmentation de leur habitat représente un écueil pour la recherche de nourriture et la reproduction.

Compte tenu des grands bouleversements écologiques provoqués par l'humanité, Paul Josef Crutzen et Eugene Stoermer proposent en 1995, une nouvelle dénomination pour l'ère dans laquelle nous vivons, l'anthropocène. Certains de ces bouleversements sont entièrement irréversibles, notamment l'extinction irréversible de plusieurs milliers d'espèces végétales et animales. À côté de cette extinction, la biomasse de la majorité des espèces végétales et animales sauvages a connu un déclin alarmant.

Les insectes ont été victimes de ce déclin en nombre d'espèces et en biomasse, c'est-à-dire un déclin quantitatif. Ainsi, Entre 2010 et 2019, on estime que la biomasse globale des insectes a diminué de 41%, les insectes de l'ordre des trichoptères sont les plus affectés par ces déclins (68%), la biomasse des diptères a diminué de 25%[1]. Le pourcentage d'espèces animales qui s'éteignent chaque année a été estimé entre 0,01 et 0,1%[2]. On s'étonne de ces chiffres car les déclarations officielles sont bien en deçà de ces chiffres. On oublie assez souvent le principe des espèces parapluie. En effet, l'extinction d'une espèce animale engendre inexorablement et irrémédiablement l'extinction de plusieurs autres qui lui sont parasites.

Ces bouleversements écologiques ont un impact négatif sur les espèces pathogènes pour l'être humain et les animaux et sur leur santé d'une manière générale. Il ne faut pas croire que ces bouleversements écologiques ne provoquent qu'un déclin des espèces, il peut s'agir d'un

---

[1] Francisco Sánchez-Bayo, Kris A.G. Wyckhuys. 2019. Worldwide decline of the entomofauna: A review of its drivers. *Biological Conservation*, 232, 8-27. Doi: https://doi.org/10.1016/j.biocon.2019.01.020.

[2] https://wwf.panda.org

effet inverse. C'est-à-dire que les bouleversements écologiques et notamment le déclin de certaines espèces peut induire une augmentation de la biomasse d'espèces parasites. Ce phénomène est notamment observé chez les parasites des animaux domestiques car ils sont protégés dans des écosystèmes totalement artificiels.

L'équilibre des écosystèmes sauvages et domestiques concourt à une réduction des entomoses[1] humaines, et surtout animales et végétales. En effet, dans un écosystème équilibré, on ne remarque pas de pullulation d'insectes car les mécanismes régulateurs des populations sont fonctionnels.

Retenons enfin que tous les insectes sont utiles car aucune espèce sur Terre n'est inutile même pas les parasites[2].

INSECTICIDE

C'est une substance chimique naturelle ou de synthèse qui a un effet létal sur les insectes (et généralement les acariens). Cet effet peut être immédiat, on parle alors d'insecticides ayant un effet *Knock down* (en français, effet choc). Il est évalué en estimant la mortalité durant les 60 minutes qui suivent l'application de l'insecticide. Par contre, la mortalité se calcule sur les 24 heures suivant l'application de l'insecticide.

---

[1] Entomose : maladie provoquée par un insecte.

[2] Gharbi M. 2023. Est-ce que les parasites des animaux sont nuisibles pour leurs hôtes ? *Bulletin de l'Académie Vétérinaire de France*, 176, 1-7. Doi : 10.3406/bavf.2023.71017.

La première molécule insecticide fut synthétisée en 1939, c'est un insecticide organochloré, le DTT (dichloro-diphényle-trichloro-éthane). Cette molécule a servi à lutter contre plusieurs maladies humaines très graves comme le paludisme et le typhus. Le DTT est très efficace mais il est très rémanent, il a été classé comme polluant organique persistant (POP). En effet, le DDT se concentre dans la chaîne alimentaire, le tissu adipeux de l'être humain et des animaux pendant plusieurs dizaines d'années. De ce fait, il a été retiré du marché dans plusieurs pays mais continue à être utilisé notamment en Afrique subsaharienne dans le cadre de la lutte contre le paludisme.

Il existe des insecticides naturels comme la perméthrine qui est synthétisée par le pyrèthre (plante de la famille des Asteraceae) pour se protéger contre les attaques des insectes. À partir de la perméthrine naturelle, les chimistes ont pu synthétiser des dizaines de molécules plus stables, moins toxiques et ayant de meilleures propriétés pharmacologiques, ce sont les pyréthrinoïdes de synthèse.

Le spectre d'activité des insecticides est très variable, certains ont à la fois des propriétés insecticides et acaricides, d'autres sont au contraire acaricides et faiblement insecticides (c'est le cas des formamidines). Une de ces molécules, l'amitraze, est utilisée pour lutter contre les parasites et les ennemis des abeilles car elle est acaricide et très faiblement insecticide et donc peu toxique pour les abeilles. La deltaméthrine est un pyréthrinoïde de synthèse utilisée comme insectifuge pour lutter contre les phlébotomes et protéger ainsi les chiens contre la leishmaniose.

Vu la nuisance provoquée par les moustiques, plusieurs formes d'insecticides de protection individuelle ont été développées, il s'agit des sprays, de prises anti-moustiques (dispositifs électriques), de moustiquaires imprégnées d'insecticides... L'utilisation de ces dernières se justifie dans le cadre de la lutte contre le paludisme. Par contre, si le risque de transmission de maladies vectorielles est faible, l'utilisation de ces dispositifs représente un réel risque pour la santé publique et pour l'environnement. Ce risque est d'autant plus grand que toutes ces formes ne dégagent pas de mauvaises odeurs (bien au contraire, certaines sentent bon) et leur usage est très dopé par les fabricants, c'est le *green washing*[1].

De nouvelles familles d'insecticides ont été développées, il s'agit des néonicotinides et dernièrement, une famille qui s'enrichit continuellement, les isoxazolines. Ces insecticides modernes ont l'avantage d'être rémanents, peu toxiques pour l'être humain (en tant que manipulateur et en tant que consommateur), les animaux (les animaux traités et la faune non cible) et l'environnement. Il importe de rappeler que cette faible toxicité est très relative car du moment que l'insecticide est létal pour les insectes parasites, il l'est tout autant pour les insectes libres et il est plus ou moins nocif pour l'être humain, les animaux et l'environnement.

Certaines molécules utilisées pour lutter contre les ravageurs de plantes comme les néonicotinoïdes ou l'imidaclopride, le thiaméthoxam et le clothianidine, sont déversés (le terme n'a rien d'exagéré et aucun euphémisme ne devrait être toléré dans ce contexte) en très grandes quantités dans l'environnement et sur de très grandes superficies. Ces molécules ont contribué à une stérilisation du milieu rural du fait de l'extermination de la microfaune et l'intoxication chronique et aiguë de plusieurs espèces de vertébrés.

---

[1] *Green washing* (en français, éco-blanchiment) : d'après l'Agence de l'environnement et de la maîtrise de l'énergie, c'est un terme utilisé pour qualifier tout message publicitaire pouvant induire le public en erreur sur la qualité écologique réelle d'un produit ou d'un service ou sur la réalité de la démarche développement durable d'une organisation.

De nouvelles formes galéniques rémanentes d'insecticides destinées aux animaux ont été développées, il s'agit notamment du *pour on* (on dépose sur la ligne du dos des grands animaux une petite quantité d'insecticide qui diffuse sur toute la surface du corps), du *spot on* (on dépose sur la nuque des carnivores quelques gouttes d'insecticide qui diffuse sur toute la surface du corps) et de la voie orale.

Néanmoins, aucun insecticide ne peut prétendre regrouper toutes les qualités. Les insecticides ont des effets négatifs sur l'environnement (destruction des espèces d'insectes et d'acariens non cibles), ils sont toxiques pour les animaux, le manipulateur et le propriétaire de l'animal. Pour les animaux de rente, ces molécules se retrouvent dans les denrées alimentaires d'origine animale (lait, viande et œufs). De plus, certains insecticides sont très rémanents dans l'environnement et liposolubles, ce qui provoque leur bioaccumulation dans les différentes espèces animales au fil des réseaux trophiques. Par exemple, les insecticides induisent une toxicité reproductive chez les rapaces car ils se nourrissent des micromammifères ayant consommé des insecticides. Ces derniers provoquent une diminution de l'éclosabilité des œufs des rapaces et donc un déclin de leurs effectifs.

Pour toutes ces raisons, le marché des insecticides à base d'extraits de plantes est en pleine expansion. Ces molécules peuvent être insectifuges (repoussent les insectes) ou insecticides (tuent les insectes). Dans tous les cas, ces produits ne sont généralement pas nocifs mais ont le plus souvent une activité pharmacologique plus faible que celle des insecticides chimiques. Généralement, ils ne possèdent pas d'autorisation de mise sur le marché (AMM) et doivent de ce fait être utilisés comme traitements d'appoints. Plusieurs équipes de recherche dans le monde travaillent sur le développement de différentes formes galéniques d'extraits de plantes ayant une bonne activité insecticide.

L'huile essentielle de citronnelle (*Cymbopogon citratus*) est un insectifuge qui peut être placé au chevet des humains, notamment les bébés. Elle n'est pas toxique mais a l'inconvénient de ne pas être rémanente.

La nouvelle tendance dans la lutte contre les insectes est l'intégration de plusieurs outils de contrôle permettant ainsi de réduire les quantités d'insecticides utilisées. Cette approche est appelée « lutte intégrée » ou en anglais, *Integrated Pest Management* (*IPM*).

Il est important de rappeler encore que, comme tout être vivant, tous les insectes, qu'ils soient parasites ou libres, ont des rôles écologiques sur Terre. Ces rôles écologiques (au pluriel sans aucun doute) sont connus pour certaines espèces. On cite classiquement le rôle des insectes dans la pollinisation des plantes à fleur. En effet, l'entomogamie, ou pollinisation par les insectes, concerne 90% des espèces de plantes à fleurs dans le monde (Chiffre issu du rapport IPBES sur la pollinisation[1]). Les insectes assurent également la décomposition de la matière organique animale comme les cadavres des animaux et leurs fèces. N'oublions pas que ces insectes représentent une source de nourriture pour plusieurs espèces animales insectivores comme les chauves-souris pour ne citer qu'elles. L'impact écologique de l'extermination des insectes dans un biotope donné est très négatif, le plus souvent imprévisible.

---

[1] *Intergovernmental Science-Policy Platform on Biodiversity and Ecosystem Services (IPBES)*, en français, Plateforme intergouvernementale scientifique et politique sur la biodiversité et les services écosystémiques. URL : https://www.ipbes.net

LARVE

Après incubation, l'éclosion de l'œuf d'un insecte donne une larve. Elle est mobile et généralement de petite taille. Chez les insectes amétaboles, la larve peut être identique à l'adulte mais en plus petit, c'est le cas des thysanoures (hexapodes anciennement classés avec les insectes) ou au contraire, totalement différente des adultes (cas de la majorité des insectes). Ce dernier groupe contient, par exemple, les mouches dont les larves sont des vers apodes (dépourvus de pattes) de couleur généralement blanche connues sous le nom d'asticots. Les larves sont segmentées mais les segmentations peuvent ne pas être visibles.

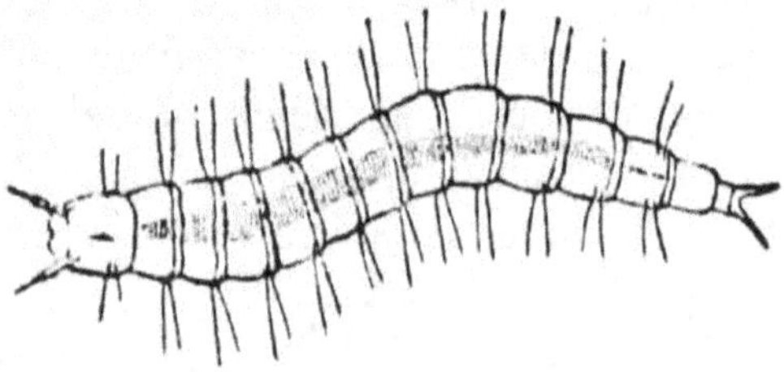

Larve de puce, 2 à 5 mm de long (Wikimédia Commons). Notez que la larve est apode (elle ne possède pas de pattes).

Certaines femelles d'insectes donnent directement des larves au stade 1 (cas d'*Oestrus ovis*), on dit qu'elles sont larvipares ou même des pupes (cas des mélophages), elles sont dites pupipares.

La diagnose de plusieurs espèces d'insectes ayant une importance médico-vétérinaire se fait par l'examen des plaques stigmatiques situées dans la partie postérieure de la larve. Ces plaques sont disséquées puis examinées sous une loupe binoculaire ou un microscope. Cette diagnose est possible pour les larves des mouches (utilisées en médecine légale), les larves des hypodermes (parasites du tissu conjonctif sous-cutané des bovins), les larves des gastérophiles (ne permet pas de distinguer les différentes espèces mais permet une diagnose du genre) et les larves d'*Oestrus ovis* (parasites des cavités nasales et des sinus frontaux des petits ruminants).

La chenille processionnaire du pin est la larve d'un papillon (*Thaumetopoea pityocampa*) parasite du pin. Si cette larve est manipulée par un être humain ou un animal, elle rejette des dards contenant un poison. Ce dernier provoque une conjonctivite très difficile à guérir. Les chiens et les chats qui lèchent cette larve développent une stomatite (inflammation de la cavité buccale) qui peut être très grave. Ce pouvoir pathogène allergisant est maintenu même chez des chenilles mortes.

Les larves d'insectes sont de plus en plus utilisées en alimentation animale et commencent à s'introduire également en alimentation humaine dans les pays occidentaux. Ces larves représentent une source intarissable de protéines saines et faciles à produire de manière respectueuse de l'environnement dans le cadre d'une agriculture régénérative et circulaire. L'une des espèces les plus utilisées est la larve de la mouche soldat noir (*Hermetia illucens*). Plusieurs sociétés d'aliments pour animaux produisent de grandes quantités de protéines provenant de ces larves.

LINNÉ, CARL VON

Botaniste suédois (1707 – 1778) son ouvrage collectif *Systema Naturæ*[1] a connu maintes rééditions.

Dans chaque édition, il améliore son système de nomenclature et dans la 10ème édition, il le généralise aux végétaux et aux animaux. De ce fait, Linné est considéré comme le père de la taxonomie. Il a adopté la nomenclature binomiale pour plus de dix mille espèces végétales et animales.

La nomenclature linnéenne est actuellement utilisée dans toutes les langues et pour tous les êtres vivants sauf les virus[2]. Elle consiste à désigner un être vivant en indiquant le nom du genre et le nom de l'espèce (d'où le terme nomenclature binomiale). Le tout est écrit en italique (ou souligné s'il s'agit d'un manuscrit) avec la première lettre du nom du genre en majuscule[3].

---

[1] Linnaeus C. 1758. *Systema naturae*. Vol. 1. 10ème édition. Stockholm, Laurentius Salvius.

[2] Les virus sont actuellement classés avec les acaryotes.

[3] Gharbi M. 2020. La nomenclature binomiale est utile pour les vétérinaires. *Bulletin de l'Académie Vétérinaire de France*. Doi : 10.4267/2042/70852.

Carl von Linné (1707 – 1778) (Wikimédia Commons).

LUTTE BIOLOGIQUE

Ce terme est à différencier de la lutte intégrée qui englobe la lutte biologique mais aussi d'autres outils de lutte. C'est un moyen de lutte respectueux de l'environnement qui a pour objectif de réduire l'utilisation des insecticides chimiques. La lutte biologique consiste à cibler les insectes en utilisant divers êtres vivants entomopathogènes ou prédateurs des insectes : virus, bactéries, champignons, insectes... Il s'agit, par exemple, de l'utilisation de prédateurs d'insectes comme les gambusies (*Gambusia affinis*). C'est un poisson culiciphage, c'est-à-dire qu'il se nourrit des moustiques, il se nourrit en vérité des larves aquatiques des moustiques.

Bacillus thuringiensis est un bacille qui libère une toxine détruisant les larves de moustiques. Il est utilisé dans le cadre de la lutte collective contre les larves de ces insectes.

La technique de l'insecte stérile est également utilisée comme outil de lutte biologique.

L'application de ces outils de lutte doit être préalablement profondément réfléchie dans le cadre des études d'impact pour éviter d'éventuels effets négatifs consécutifs à l'introduction de ces êtres vivants sur des espèces non cibles ou sur l'environnement. La lutte biologique contre les ravageurs de plantes et les parasites des animaux est autorisée en agriculture biologique.

LUTTE INTÉGRÉE

Plus connue sous le nom anglais *Integrated Pest Management* (*IPM*). Cette méthode est surtout utilisée en agriculture pour lutter contre les ravageurs des plantes mais elle est de plus en plus pratiquée en entomologie médico-vétérinaire. C'est une méthode de lutte contre les insectes qui se veut respectueuse de l'environnement et de la santé de l'être humain et des animaux. Comme théoriquement aucune méthode de lutte ne détient seule ces qualités, la lutte intégrée consiste à associer de manière relativement prolongée dans le temps, plusieurs méthodes pour lutter contre une espèce d'arthropode donnée.

L'objectif de la lutte intégrée peut ne pas être l'éradication de l'insecte mais la diminution de sa population à de faibles niveaux (soit des niveaux de nuisance acceptables ou induisant de faibles pertes financières ou ne provoquant pas de problèmes de santé chez leurs hôtes).

Cette association offre plusieurs avantages :

(i) Une addition (ou une synergie[1]) des effets de chaque action.

(ii) Une diminution des effets secondaires de chaque action de lutte. Par exemple, dans un programme de lutte intégrée, les quantités d'insecticides

---

[1] On parle d'addition lorsque 1 + 1 = 2, on parle de synergie dès lors que 1 + 1 = 3, voire plus.

utilisées sont inférieures aux quantités utilisées dans les programmes conventionnels de lutte.

(iii) Une diminution des coûts des actions de lutte.

La lutte intégrée consiste par exemple, dans le cadre de la lutte contre les anophèles, vecteurs de l'agent du paludisme[1], à associer les moustiquaires imprégnées d'insecticides (méthode de lutte intra-domiciliaire contre les moustiques) avec l'assèchement des plans d'eau artificiels et l'ensemencement des barrages et des lacs artificiels avec des gambusies. De cette manière et afin de protéger l'être humain contre l'infection par ce protozoaire, on intervient à trois niveaux. L'utilisation des insecticides doit être évitée autant que faire se peut ou au moins réduite à des actions ponctuelles. Si l'action ne peut pas se passer d'insecticides, il est recommandé dans le cadre de la lutte intégrée, d'utiliser des insecticides pendant des périodes bien précises, ils doivent être sélectifs (leur spectre d'action doit être étroit, c'est-à-dire limité à l'espèce ciblée). Il convient d'éviter les sprays d'insecticides qui, d'abord ne sont pas très efficaces sous cette forme et surtout, peuvent détruire plusieurs espèces d'insectes non ciblées.

---

[1] Il est important de rappeler que les insectes ne sont pas des vecteurs de maladies mais des vecteurs des agents étiologiques des maladies. Ainsi, les anophèles ne sont pas les vecteurs du paludisme mais les vecteurs du *Plasmodium,* qui, lui, est l'agent étiologique du paludisme. Cette confusion fréquente doit être évitée.

MALLOPHAGES

Ce sont les poux broyeurs, ils ne se nourrissent pas de sang. Les mallophages sont à différencier des mélophages (insectes parasites spécifiques de la toison des petits ruminants). On dénombre dans le monde environ 3 000 espèces de mallophages, qui parasitent principalement les oiseaux et secondairement les mammifères. Contrairement aux mammifères, les oiseaux ne sont infestés que par les mallophages et jamais par les poux hématophages. Les mallophages utilisent les mouches pour se déplacer et infester de nouveaux hôtes, c'est la phorésie.

Les mallophages sont des parasites spécifiques (à chaque espèce de pou parasite correspond une espèce hôte), permanents (leurs cycles ne passent pas par des stades dans le milieu extérieur) et obligatoires (leurs cycles ne peuvent se réaliser que sur des hôtes). Les mallophages se nourrissent de débris cutanés, de poils et de plumes.

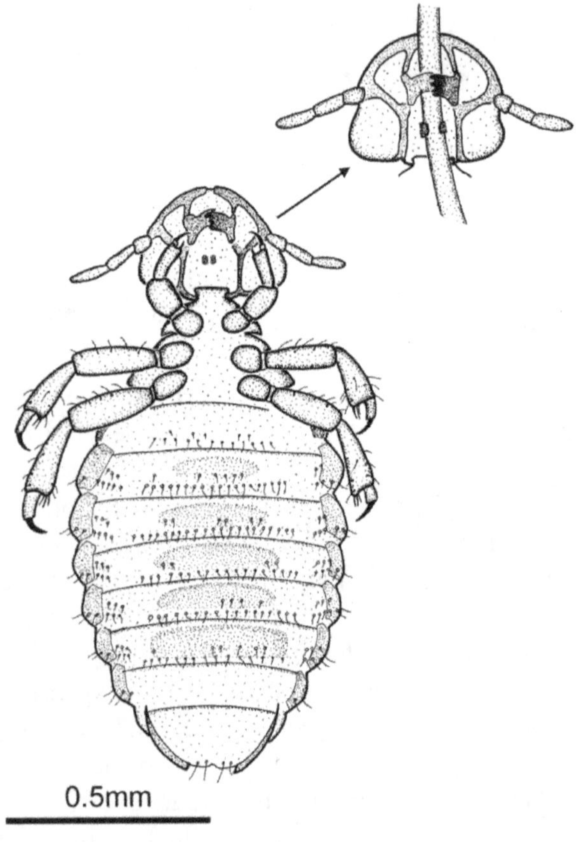

Pou broyeur (mallophage) du genre Bovicola *(Wikimédia Commons).*

Les poux broyeurs sont facilement reconnaissables à leur tête globuleuse.

Bovicola *peut être reconnu même macroscopiquement du fait de la présence de bandes longitudinales brunes sur chaque segment.*

Notez comment le pou s'agrippe au poil (haut à droite).

Ces parasites ne sont pas sensibles à certains antiparasitaires systémiques causant ainsi des échecs thérapeutiques car ils ne se nourrissent pas du sang de leurs hôtes.

MÉLOPHAGE[1]

C'est un insecte de 4 à 7 mm de taille, il est muni d'ailes vestigiales non fonctionnelles et présente un abdomen en forme de cœur. Les mélophages sont des parasites hématophages permanents des petits ruminants, principalement des ovins.

La femelle dépose des larves qui se transforment aussitôt en pupes (cette espèce est appelée de ce fait pupipare) puis en adultes. La durée totale du cycle est de 5 à 6 semaines.

Ce parasite n'est pas très mobile et la transmission d'un animal à un autre se fait par contact direct. L'infestation par ces parasites donne un prurit qui peut être intense altérant ainsi le bien-être animal et la qualité de la laine. Les lésions cutanées provoquées par le grattage peuvent se compliquer par des infections bactériennes. Chez les animaux lourdement infestés, on observe également une anémie et même une altération de l'état général.

[1] Le nom latin des mélophages est *Melophagus ovinus*.

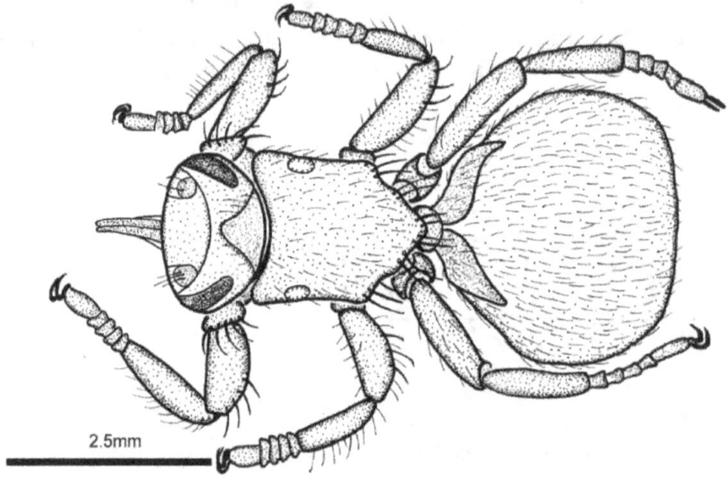

Melophagus ovinus *(Wikibooks).*
Notez la présence de crochets au niveau des pattes qui permettent à l'insecte de s'agripper à la toison de son hôte.
La longue trompe est adaptée à la spoliation du sang.

Cet insecte est le vecteur d'un trypanosome le plus souvent non pathogène : *Trypanosoma melophagium.* Les formes infectantes de ce trypanosome sont éliminées par les fèces du mélophage, elles pénètrent dans la peau de l'hôte à travers les lésions cutanées du grattage. Cette espèce de trypanosomes est qualifiée de stercoraire.

Du fait de la faible mobilité de ce mélophage, il n'a qu'un rôle accessoire dans la transmission de plusieurs autres agents pathogènes : *Bartonella* spp, *Anaplasma* spp, *Borrelia burgdorferi*, *Rickettsia* spp, le virus de la fièvre catarrhale ovine…

MEMBRANE PÉRITROPHIQUE

Il s'agit d'une membrane qui forme un tube fermé des deux côtés, elle est localisée au niveau du tube digestif des insectes hématophages. Elle a été retrouvée également chez les larves de certains insectes.

La membrane péritrophique englobe le sang ingéré par les insectes et empêche qu'il soit en contact direct avec leurs tubes digestifs.

Environ 24 heures après le repas des culicoïdes, la membrane péritrophique se perfore à son extrémité postérieure pour permettre l'évacuation des fèces par le rectum. Environ 72 heures après le repas sanguin, toute la membrane péritrophique est éliminée et l'estomac de l'insecte se vide ainsi totalement.

Cette membrane joue un rôle très important chez les arthropodes hématophages vecteurs d'agents pathogènes. C'est pour cette raison qu'elle est actuellement très étudiée aussi bien sur le plan microscopique que protéomique[1].

[1] Protéomique : étude de l'ensemble des protéines constituant un organisme, un organe ou une structure.

MÉTAMORPHOSE

C'est l'ensemble des transformations anatomiques et physiologiques irréversibles qui concernent tous les membres d'une espèce à un moment donné de leur vie.

La métamorphose permet une augmentation de la taille de l'animal ou son passage d'un stade à un autre par le biais de mues. La métamorphose concerne plusieurs groupes d'espèces animales inférieures dont les arthropodes qui, à cause de leur exosquelette rigide, ne peuvent avoir une croissance continue. C'est pour cette raison que la croissance des arthropodes est discontinue et qu'elle n'a lieu que durant la métamorphose.

La métamorphose permet aux larves des insectes de se transformer en nymphes (c'est la nymphose) puis une deuxième métamorphose les transforme en adultes (c'est la mue imaginale). En réalité, certaines espèces d'insectes effectuent plusieurs mues larvaires mais elles sont généralement peu évidentes car la morphologie de l'insecte durant ces stades change peu. C'est le cas par exemple des mues larvaires qui font passer certains insectes comme les moustiques d'un stade larvaire à un autre.

Lors de la métamorphose, l'insecte se place dans un endroit abrité et s'immobilise, il se débarrasse de son ancien exosquelette appelé exuvie, augmente rapidement de taille (ou se transforme morphologiquement) et enfin, son nouvel exosquelette commence à durcir.

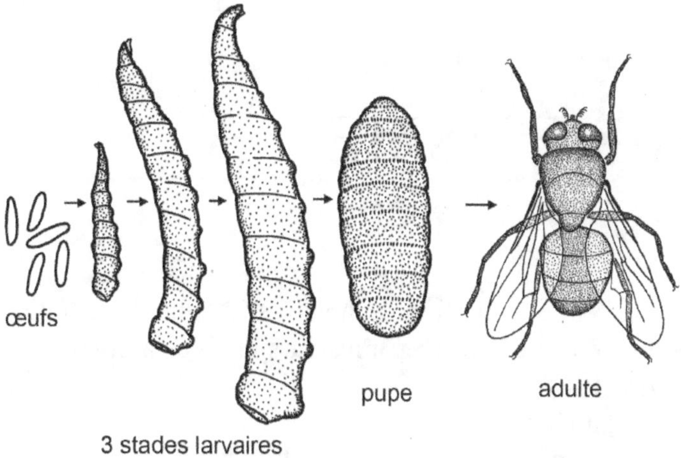

Transformations morphologiques par métamorphoses chez le stomoxe (Wikimédia Commons).

La métamorphose est une étape critique dans la vie de l'insecte durant laquelle il ne peut ni se défendre ni fuir ses prédateurs ni toute autre menace. Elle est de ce fait, associée à une mortalité élevée.

Chez les insectes, la mue est régie par l'ecdysone qui est appelée l'hormone de la mue. Cette dernière n'a lieu que si la concentration en hormone juvénile est faible.

Les juvénoïdes, comme le méthoprène, sont des substances chimiques analogues de l'hormone juvénile, ils bloquent la métamorphose des insectes et provoquent alors leur mort. Ces substances sont utilisées dans la lutte contre les insectes ravageurs et les puces. Les juvénoïdes ne sont pas toxiques pour l'être humain ni pour les animaux supérieurs mais du fait de leur action non spécifique, ils provoquent des mortalités chez les espèces d'insectes non cibles.

MIMÉTISME

C'est une imitation adaptative à un déterminisme génétique qui existe chez plusieurs espèces animales dont les insectes.

Le mimétisme peut avoir plusieurs voies : chimiques, tactiles, sonores, visuelles... Cette dernière est la plus fréquente dans le monde animal. L'insecte, appelé dans ce cas le mime, imite un autre être vivant, animal ou végétal (une feuille ou une tige d'arbre) appelé l'imité et ce, pour fuir des prédateurs, attaquer l'espèce imitée, s'introduire dans une colonie d'insectes sociaux…

Il existe plusieurs types de mimétismes :

(i) Le mimétisme mullérien[1] : deux espèces dangereuses ont les mêmes motifs ou couleurs d'avertissement. Il s'agit le plus souvent du rouge, du jaune associés au noir.

(ii) Le mimétisme batésien[2] : une espèce inoffensive imite une espèce dangereuse.

(iii) Le mimétisme emselyen[3] : une espèce dangereuse imite une espèce moins dangereuse.

(iv) Le mimétisme peckhamien[4] : une espèce prédatrice imite une proie pour l'attirer puis l'attaquer.

---

[1] Mimétisme mullérien : décrit par Fritz Müller.

[2] Mimétisme batésien : décrit par Henry Walter Bates.

[3] Mimétisme emselyen : décrit par Michael G. Emsley.

[4] Mimétisme peckhamien : décrit par Elizabeth et George Peckham.

(v) Le mimétisme wasmanien[1] : un arthropode imite un insecte social (abeilles, fourmis…) pour s'introduire dans la colonie.

(vi) L'automimétisme : le mime imite une partie d'un corps comme par exemple la présence au niveau des ailes de certaines espèces de papillons d'un grand œil.

Le mimétisme est à différencier du camouflage. Dans ce dernier cas, l'animal imite un objet (il n'y a donc pas d'animaux imités) et l'animal dupé n'est pas spécifique. Le camouflage permet à l'espèce de se fondre dans l'environnement dans lequel elle se trouve.

MODÉLISATION

La modélisation mathématique est l'utilisation d'équations mathématiques généralement très complexes, parfois très nombreuses, pour décrire un phénomène biologique.

L'un des pères de la modélisation moderne est MacDonald (1903-1967), médecin malariologiste[2], professeur de médecine tropicale au *London School of Hygiene & Tropical Medicine*. Il publia en 1957 les premières équations permettant de modéliser la transmission du paludisme[3].

---

[1] Mimétisme wasmanien : Décrit par Erich Wasmann.

[2] Malariologiste : spécialiste en malariologie, science qui étudie le paludisme.

[3] MacDonald G. 1957. *The epidemiology & control of malaria*, 1st ed. Oxford University Press.

La modélisation en biologie a profité, ces dernières années, du développement des outils informatiques pour pouvoir établir, grâce à des ordinateurs puissants et des logiciels très performants dont plusieurs sont gratuits, des modèles mathématiques très complexes.

La modélisation a permis de modéliser le cycle épidémiologique des agents pathogènes à transmission vectorielle et la dynamique d'activité des vecteurs eux-mêmes. Il s'agit notamment de prédire l'impact des différentes options de lutte sur la dynamique d'activité des vecteurs et par conséquent l'épidémiologie de la maladie vectorielle elle-même.

La modélisation mathématique permet également de prédire la distribution géographique des insectes dans une région donnée ou sur toute la Terre. Elle permet de prédire le comportement des espèces d'insectes selon différents scénarios de réchauffement climatique. Il s'agit notamment de prédire l'impact de ces changements climatiques sur la saisonnalité des vecteurs, leurs distributions géographiques (distribution mondiale, au sein d'un pays ou même au sein d'une région) et leurs biomasses.

Les résultats de ces modèles permettent ainsi de choisir la meilleure option de lutte et d'anticiper sur le comportement de ces vecteurs mais aussi l'apparition d'épidémies ou d'épizooties.

Les modèles sont assez souvent pris comme outils d'aide à la décision par les décideurs en santé publique et animale pour lutter contre les problèmes de santé, il peut s'agir du choix d'une stratégie de vaccination, sa fréquence, la prédiction de la durée des programmes de lutte permettant l'élimination d'un agent pathogène…

MOUCHE

C'est un nom ambigu donné à un groupe très hétérogène de diptères volants relativement trapus, c'est-à-dire les brachycères. Au sens strict, les mouches sont les espèces appartenant à la famille des muscidés.

Le régime alimentaire des mouches est très variable. Elles peuvent être piqueuses, c'est-à-dire hématophages (cas des stomoxes) ou lécheuses (cas de la mouche domestique).

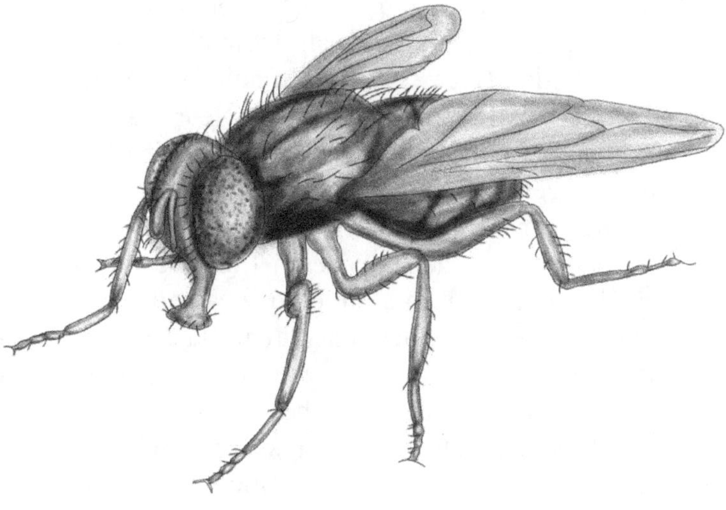

Mouche domestique (Musca domestica) *(Wikimédia Commons).*
Notez la position verticale de sa trompe.

Les mouches lécheuses se nourrissent de différentes substances nutritives, sérosités, restes de nourriture, pus… Certaines espèces sont toujours libres par contre, les larves de certaines mouches provoquent des myiases accidentelles (cas de la mouche domestique).

Les mouches lécheuses induisent une grande nuisance pour l'être humain et les animaux. Si la densité de ces mouches est élevée, elles provoquent alors une diminution de la production laitière notamment chez les bovins. Elles peuvent également jouer le rôle de vecteurs mécaniques d'une multitude d'agents infectieux. En effet, quand elles se déposent sur les lésions cutanées purulentes, sur les fèces, les divers détritus... leurs pattes se trouvent contaminées par divers agents pathogènes (virus et bactéries) qu'elles transmettent en se déposant sur des lésions cutanées, sur les muqueuses oculaires ou buccales ou sur la nourriture.

Les mouches sont d'importants décomposeurs dans la nature. En déposant leurs œufs dans les matières organiques en décomposition (fèces, cadavres d'animaux ou végétaux morts ou fauchés), elles permettent à leurs larves (plus connues sous le nom d'asticots) de se nourrir et donc de décomposer cette matière organique pour qu'elle puisse être recyclée et réintégrer différents cycles.

Plusieurs espèces de mouches à l'origine de myiases accidentelles jouent un rôle écologique capital. Ce sont les éboueuses de la nature, elles concourent à la décomposition des matières organiques végétales et animales mortes. En effet, les femelles de ces mouches déposent leurs œufs (espèces ovipares) ou leurs larves (espèces larvipares) dans ces matières organiques en décomposition. Les asticots sont très nombreux, très actifs et très voraces, ils accélèrent ainsi la décomposition de la matière organique assurant ainsi sa réintégration rapide dans le cycle de la vie.

Comme l'explique très bien Jean-Henri Fabre « *Pour expurger la terre des souillures de la mort et faire rentrer dans les trésors de la vie, la matière animale défunte, il y a une légion d'entrepreneurs charcutiers* »[1].

Les mouches permettent également de réduire, voire de prévenir la contamination de l'environnement par des agents pathogènes spécifiques (agents de maladies comme le bacille de la tuberculose…) ou non spécifiques (cas des entérobactéries se trouvant dans le tube digestif des cadavres).

Les larves des diptères sont utilisées en entomologie médico-légale pour dater un décès ou un crime et parfois même, déterminer son lieu.

Les mouches sont des hôtes intermédiaires des habronèmes[2] : *Musca* est l'hôte intermédiaire de *Habronema megastoma* et *Habronema muscae*, alors que *Stomoxys* est l'hôte intermédiaire de *Habronema microstoma*.

La lutte contre une espèce de mouche nécessite une connaissance fine de son mode de vie. D'ailleurs, cette règle n'est pas propre aux mouches, elle s'applique à tous les parasites. Il faut notamment connaitre son régime alimentaire, ses gîtes larvaires (le lieu dans lequel elle dépose ses œufs pour donner des larves) et la durée de son cycle biologique. La connaissance de son comportement facilite également la lutte et la rend plus efficace (heures d'activité, son caractère endophile ou exophile…).

En fonction des espèces, il est possible d'utiliser des insecticides appâtés avec des phéromones (lutte contre les

---

[1] Fabre J-H. 1966. *Les Merveilles de l'instinct chez les insectes*. Éditions Delagrave, Les Merveilles de la Nature.

[2] Les habronèmes sont des nématodes parasites du tube digestif des équidés. Ils sont transmis par les mouches qui jouent le rôle d'hôtes intermédiaires (c'est-à-dire hébergent les stades larvaires). Si ces mouches déposent les larves dans les lésions cutanées des équidés, elles provoquent alors une dermatose spécifique : la plaie d'été.

mouches adultes), appliquer des insecticides (lutte contre les larves agents de myiases)…

Le respect des règles d'hygiène, la protection des plaies et chez les animaux, le traitement des diarrhées et des troubles de la reproduction des parturientes représentent des mesures de lutte aussi diversifiées qu'efficaces à appliquer en fonction du contexte.

Environ 97% des larves de la mouche domestique (*Musca domestica*) sont consommées par une très riche faune d'invertébrés prédateurs et charognards. Il s'agit des fourmis de feu (*Solenopsis invicta*), des perce-oreilles (*Euborellia* spp), des coléoptères du genre *Carcinops*, des ténébrions (*Alphitobius*)[1] ...

MOUSTIQUE

Les moustiques sont des insectes volants qui appartiennent tous à la famille des culicidés. Ils sont répartis sur 111 genres contenant environ 3 578 espèces. Les moustiques sont parfois confondus avec d'autres insectes hématophages de taille similaire comme les culicoïdes (famille des cératopogonidés), les phlébotomes (famille des psychodidés) et les simulies (famille des simuliidés).

---

[1] Gary D. Propp, Philip B. Morgan. 1985. Mortality of eggs and first-stage larvae of the house fly, *Musca domestica* L. (Diptera: Muscidae), in poultry manure. *Journal of the Kansas Entomological Society*. 58, 3, 442-447.

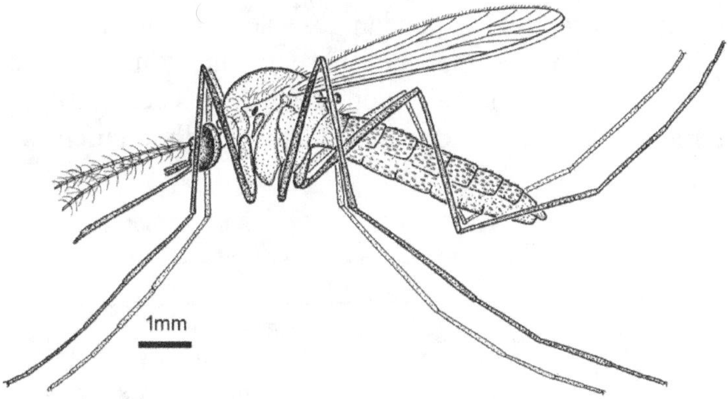

Moustique du genre Culex *(Wikibooks).*
Notez le corps effilé, la présence de trois paires de longues pattes et une longue trompe.

Après un repas sanguin, la femelle pond dans des plans d'eau, même de très petites quantités d'eau sont suffisantes, comme des pots de yoghourt contenant un peu d'eau de pluie, une empreinte de sabot, une ornière, un pot de fleur... Les caractéristiques de cette eau (richesse en matière organique, salinité…) varient en fonction de l'espèce du moustique.

L'éclosion des œufs donne des larves aquatiques nageuses ayant une respiration aérienne, elles doivent donc revenir souvent à la surface de l'eau pour respirer. Cette caractéristique est exploitée pour asphyxier les larves en couvrant l'eau des puits par exemple avec une couche de liquide imperméable, inerte et non toxique comme l'huile de paraffine. Les larves des moustiques évoluent par mues successives en quatre stades larvaires (on parle de L1, L2, L3 et L4).

La larve stade 4 mue en nymphe en forme de virgule, elle est également aquatique et a une respiration aérienne.

Cette nymphe ne se nourrit pas : elle vit sur les réserves nutritives accumulées pendant les stades larvaires.

La nymphe se métamorphose en un adulte ailé qui émerge. L'émergence représente l'un des moments critiques dans la vie des moustiques car ils meurent s'ils sont mouillés.

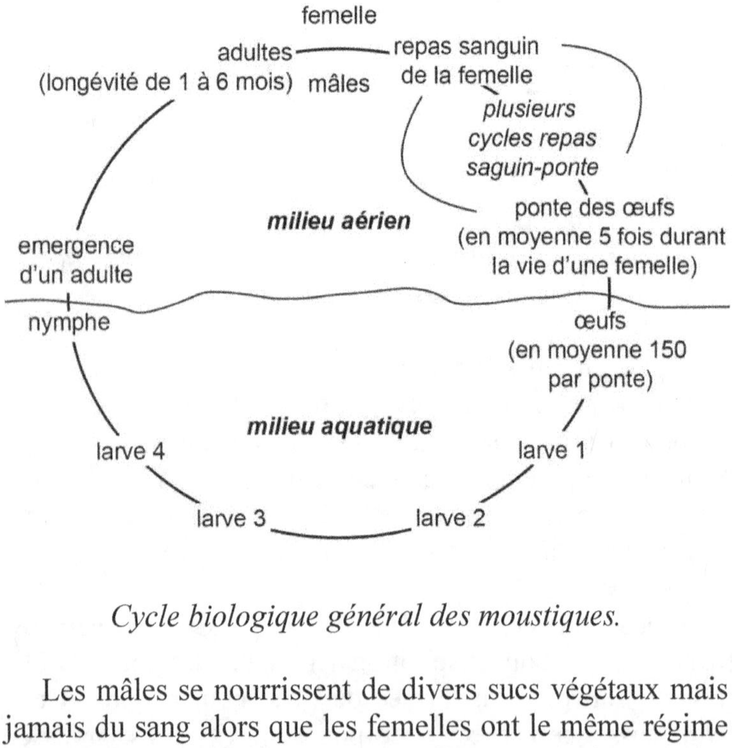

Cycle biologique général des moustiques.

Les mâles se nourrissent de divers sucs végétaux mais jamais du sang alors que les femelles ont le même régime alimentaire que les mâles mais effectuent également des repas sanguins qui permettent la maturation de leurs œufs. C'est pour cela qu'Erik Orsenna écrit que ce n'est pas la *femme* qui vous pique mais la *mère*[1].

---

[1] Orsenna E et De Saint-Aubin I. 2019. *Géopolitique du moustique*. Éd. Fayard.

Chez certaines espèces de moustiques (dites autogènes), ce repas sanguin n'est pas indispensable. La préférence trophique des femelles est variable en fonction de l'espèce. Les femelles sont attirées par plusieurs molécules dégagées par les hôtes comme le dioxyde de carbone, l'acide lactique, l'odeur du sébum… Pour une même espèce de moustique, cette attirance est variable en fonction des individus.

La durée du cycle des moustiques varie énormément en fonction de la température et de l'hygrométrie du milieu. Par exemple, la durée d'incubation des œufs oscille entre 2-3 jours dans les régions tropicales et 2-3 semaines dans les régions tempérées. Si la température diminue, les adultes passent par une phase d'hibernation et ne redeviennent actifs qu'à la belle saison. Cette hibernation peut concerner aussi les œufs de certaines espèces de moustiques comme le moustique tigre (*Aedes albopictus*). Les moustiques se réactivent alors au printemps, on parle de population transhivernante.

L'augmentation excessive de la température peut provoquer chez certaines espèces de moustiques des régions chaudes une estivation durant laquelle les moustiques entrent dans un état de vie ralentie.

Les moustiques ont un rôle pathogène direct dont l'importance est bien connue, il s'agit de la nuisance provoquée aux humains et aux animaux suite aux piqûres qui sont douloureuses, prurigineuses et peuvent provoquer des infections cutanées parfois purulentes. Cette nuisance justifie à elle seule la mise en route d'actions de lutte contre les moustiques.

Le rôle vecteur des moustiques est très grand, car ce sont les espèces animales qui tuent le plus d'êtres humains sur la Terre. En effet, chaque année environ 1 million d'humains meurent suite à une infection transmise par les piqûres des moustiques[1]. C'est scandaleux mais l'espèce qui vient après

---

[1] https://www.statista.com

les moustiques dans ce classement est l'être humain lui-même avec 490 000 homicides volontaires annuels. Ces statistiques excluent les morts de guerre et de conflits.

Les anophèles transmettent *Plasmodium*, qui est un genre de protozoaire agent causal du paludisme. *Aedes* transmet plusieurs virus causant des maladies mortelles pour l'être humain comme le chikungunya[1], la dengue, la fièvre jaune, l'infection par le virus Zika. Les moustiques du genre *Culex* transmettent le virus de l'encéphalite japonaise et le virus de la fièvre du Nil Occidental (*West Nile Fever Virus*).

Depuis quelques années, on assiste à une émergence périodique de nouvelles espèces de moustiques vectrices de graves maladies humaines. Ces espèces ont été à chaque fois introduites de manière accidentelle dans de l'eau résiduelle de pneus de voitures importés dans des bateaux en Europe pour le recyclage, dans les différents moyens de transport notamment les avions... C'est le cas par exemple du moustique tigre (*Aedes albopictus*).

La lutte contre les moustiques passe d'abord par des actions relativement faciles mais elle implique impérativement les citoyens, il faut drainer tous les plans d'eau artificiels même les plus petits (pots de plantes, différents récipients jetés, pneus usagés, plans d'eau dans les caves inondées…).

L'aspersion d'insecticides dans l'air n'a aucun impact sur les moustiques d'une manière générale, pis encore, elle est très nocive pour l'environnement, la santé de l'être humain et celle de plusieurs espèces animales.

Actuellement, la lutte repose sur des méthodes plus respectueuses de l'environnement notamment l'utilisation de bactéries toxiques pour les larves (dites larvicides) comme *Bacillus thuringiensis*. Épandues dans les gîtes

---

[1] Chikungunya signifie qui se recroqueville en makondé (langue parlée par un peuple éponyme d'Afrique Australe).

larvaires, cette bactérie est ingérée par les larves. Cette espèce bactérienne produit alors des protéines toxiques exclusivement pour les larves de moustiques et des simulies. Les larves meurent alors après 24 heures environ. Malgré son utilisation depuis 1982 dans plusieurs pays du monde, aucune résistance à ces bactéries n'a été rapportée chez les moustiques.

L'émergence continue de maladies transmises par les moustiques est due aux bouleversements écologiques provoqués par l'être humain. Par exemple, plusieurs espèces de moustiques ont pullulé à cause du déclin de leurs prédateurs comme les chauves-souris[1]. D'autres ont émergé dans plusieurs régions du monde après avoir voyagé dans des avions et surtout des bateaux sur de très grandes distances.

Le rôle pathogène des culicidés est tellement grand que la France a créé en 1959, un organisme, l'Entente interdépartementale pour la démoustication du littoral méditerranéen[2], ayant de multiples missions :

(i) Contrôler la nuisance causée par les moustiques ciblés dans les zones humides littorales et rétro-littorales.
(ii) Étudier et lutter contre le moustique tigre.
(iii) Participer à la conservation et à la gestion des milieux naturels.
(iv) Protéger et gérer le trait de côte.

---

[1] Puig-Montserrat X, Flaquer C, Gómez-Aguilera N, Burgas A, Mas M, Tuneu C, Marquès E, López-Baucells A. 2020. Bats actively prey on mosquitoes and other deleterious insects in rice paddies: Potential impact on human health and agriculture. *Pest Management Science*. 76 (11): 3759-3769. Doi: 10.1002/ps.5925.

[2] URL de l'EID Méditerranée : https://www.eid-med.org

MYIASE[1]

La myiase est une infestation de différentes espèces animales par les larves de diptères. L'être humain et les animaux peuvent également être infestés par les larves d'autres insectes n'appartenant pas à l'ordre des diptères mais à celui des lépidoptères, on parle alors de scholechiase.

Il existe plusieurs classifications des myiases, la plus utilisée est celle qui considère la localisation anatomique des larves chez l'hôte. On parle alors de myiase gastrique (larves se localisant dans l'estomac de l'hôte, c'est le cas de *Gasterophilus,* parasite des équidés), de myiases cutanées (plusieurs espèces de mouches peuvent déposer leurs œufs ou leurs larves sur les lésions cutanées de l'être humain et des animaux), de myiases génitales (il s'agit de myiases qui touchent les femelles de mammifères qui s'infestent notamment après la mise bas et ce, du fait de la présence de lochies au niveau de leur vulve attirant les mouches), de myiases nasales (c'est l'œstrose[2], qui est due à la présence de différentes espèces d'œstres dans les cavités nasales et les sinus frontaux de plusieurs espèces de mammifères, notamment les ovins (*Oestrus ovis*) et les dromadaires (*Cephalopina titillator*)), de myiases oculaires appelées aussi ophtalmomyiases (elles sont provoquées par la présence de larves de diptères au niveau des yeux, cette

---

[1] Myiase (n.f.) : du grec *muîa*, mouche et *íasis*, guérison.

[2] On l'aura remarqué, on écrit *Oestrus* (le nom latin) et Œstrus (le nom français) car en latin il n'y a pas de ligatures entre les lettres.

localisation est accidentelle, elle est due le plus souvent aux larves d'*Oestrus ovis*).

Le nombre d'espèces de diptères causant des myiases chez les vertébrés est très grand avec des fréquences très variables. Par exemple, le moucheron des éviers (*Clogmia albipunctata*) est une espèce libre mais elle peut exceptionnellement provoquer différents types de myiases chez l'être humain.

Cordylobia est un genre de mouches de la famille des Calliphoridés contenant 4 espèces, parmi lesquelles une espèce au nom très évocateur, *Cordylobia anthropophaga.* Les larves de ces mouches sont des parasites obligatoires infestant plusieurs espèces animales dont l'être humain. La larve de cette mouche est connue sous le nom de « Ver de Cayor[1] ».

La mouche pond ses œufs dans des endroits riches en matière organique, la larve cherche activement un hôte. Après effraction de la peau, elle effectue deux mues pour donner une larve stade 3 qui se laisse tomber sur le sol pour s'abriter et donner une pupe qui mue en adulte. L'infestation de l'hôte par ces larves peut se compliquer par des infections bactériennes pouvant être graves.

La lucilie bouchère (*Cochliomyia hominivorax*) est une mouche de la famille des Calliphoridae. C'est un parasite obligatoire des tissus animaux, originaire du continent américain. La femelle pond dans les lésions cutanées de l'hôte, les larves se nourrissent des tissus vivants puis se transforment en pupes qui s'enfoncent dans la peau. L'être humain peut être accidentellement infesté par ce parasite, d'où son nom (mouche dévoreuse d'hommes).

Dermatobia hominis est une mouche de la famille des Oestridae originaire d'Amérique Latine qui parasite l'être humain et divers primates. La femelle dépose ses œufs sur

---

[1] Cayor : ancien royaume sénégalais.

un moustique qui les transporte[1], l'éclosion est induite par la chaleur de l'hôte lorsque le moustique effectue son repas sanguin. La larve s'enfonce dans la peau et effectue deux mues donnant une larve stade 3. Cette dernière sort activement du furoncle et se laisse tomber sur le sol pour muer en nymphe qui, à son tour, donne un adulte.

Les symptômes des myiases varient en fonction de la localisation des larves. Dans tous les cas, les larves peuvent provoquer des infections bactériennes suite à l'action traumatique de leurs mouvements et de l'action des pièces buccales de la majorité des larves. Non traités, certains animaux peuvent mourir suite à ces infections bactériennes, notamment les ovins lorsqu'ils sont atteints de myiases cutanées (survenant surtout après la tonte des animaux). En effet, la laine cache les lésions cutanées qui peuvent être gravissimes.

Le traitement des myiases passe par une extirpation des larves avec une paire de pinces, si plusieurs larves ne sont pas accessibles, un traitement insecticide s'impose. Dans tous les cas, il faut instaurer un traitement symptomatique des lésions provoquées par les larves qui consiste d'abord à nettoyer les lésions, instaurer un traitement antibactérien (en appliquant des antiseptiques ou des antibiotiques) et traiter la cause primaire (diarrhée, rétention placentaire…).

La prophylaxie nécessite le traitement étiologique dans les meilleurs délais, des différents troubles digestifs, reproductifs, la désinfection et la protection des lésions cutanées.

La présence de ces larves sur la peau est exploitée en entomologie médico-légale (forensique) pour estimer le lieu et la date de la mort.

---

[1] Il s'agit donc d'un cas très particulier de phorésie.

NÉCROPHAGE[1]

Animal se nourrissant à partir des cadavres d'autres animaux (si l'animal appartient à la même espèce, il s'agit alors d'un cannibalisme). Ce comportement trophique est à différencier de la prédation, Un prédateur tue ses hôtes pour s'en nourrir ou nourrir les siens.

Les espèces nécrophages ont un rôle écologique très important : elles permettent de débarrasser l'environnement des cadavres d'animaux, qui, outre l'odeur nauséabonde qu'ils dégagent, risquent de transmettre des maladies à l'être humain et aux animaux. Il peut s'agir de microorganismes spécifiques (virus, bactéries et parasites) ou de microbes non spécifiques présentes notamment dans le tube digestif des animaux (salmonelles, colibacilles…). De plus, les cadavres peuvent être à l'origine d'une pollution microbiologique de l'eau, par ruissellement des eaux de pluie. De ce fait, les nécrophages peuvent être qualifiés d'éboueurs de la nature. Enfin, ils permettent un recyclage relativement rapide, en tout cas plus rapide que la décomposition naturelle spontanée, de la matière organique et donc un nettoyage de l'environnement.

Il existe plusieurs espèces d'insectes nécrophages qui se partagent par centaines, voire par milliers un cadavre. Il peut s'agir d'adultes d'insectes, comme c'est le cas par exemple des fourmis ou de larves d'insectes, comme certains coléoptères nécrophages (un grand nombre

[1] Nécrophage : du grec, *nékros*, mort et *phagein*, manger.

d'espèces du genre *Nicrophorus* qui ont une large distribution géographique) et surtout plusieurs espèces de mouches. Ces dernières déposent sur les cadavres par vagues successives d'espèces, leurs œufs (espèces ovipares) ou leurs larves (espèces larvipares). Les larves de ces mouches sont très actives (elles grouillent sans interruption), elles se nourrissent des tissus mous du cadavre. La succession des espèces de manière séquentielle avec une chronologie connue qui varie en fonction de la température ambiante permet au médecin légiste de dater avec une certaine précision la mort (ou l'assassinat) du sujet.

NÉMATOCÈRES[1]

C'est un sous-ordre d'insectes diptères (possédant une paire d'ailes) qui comporte les espèces ayant des ailes longues et des antennes composées de plus de trois articles, d'où leur nom. Les nématocères se distinguent des brachycères à antennes courtes qui sont les diptères « type mouches ».

Ils incluent plusieurs groupes ayant une importance médico-vétérinaire tels que les culicoïdes (*Culicoides*), les moustiques (*Anopheles*, *Culex*…), les simulies (*Simulium*), les phlébotomes (*Phlebotomus*, *Lutzomyia*…).

Contrairement à ce que l'on peut penser, tous les nématocères ne sont pas hématophages. C'est le cas par

[1] Nématocère : du grec, *nêma* et *nêmata*, fil et *Kera*, corne.

exemple des insectes de la famille des chironomidés (les chironomes) ou des tipulidés (les tipules).

NUISIBLE (ESPÈCE)

Le concept de nuisance émane d'une vision simpliste ou anthropocentrique de la Nature qui estime que toute espèce végétale ou animale qui nuit aux intérêts de l'être humain est de ce fait nuisible.

Chaque être vivant sur Terre a plusieurs rôles écologiques à jouer et non un seul. Ces rôles peuvent être plus ou moins patents, ils peuvent être relayés par d'autres êtres vivants, cela n'empêche pas ces rôles d'exister. La grande résilience des écosystèmes naturels fait croire à tort qu'ils ne peuvent pas être impactés négativement par les diverses activités humaines et l'extinction des espèces qu'elles soient végétales ou animales. Néanmoins, les bouleversements écologiques provoqués par l'humanité ont induit des déséquilibres de la Nature qui ont affecté la faune, la flore et leurs biotopes. Certains de ces déséquilibres sont irréversibles (c'est le cas de l'extinction définitive de plusieurs espèces).

Ces bouleversements écologiques peuvent aboutir à l'extermination de certaines espèces ou au contraire à leur pullulation. Dans ce dernier cas, on considère que l'espèce est devenue nuisible. Afin de ne pas stigmatiser certaines espèces, le législateur français a recommandé l'utilisation du terme « Espèce Susceptible d'Occasionner des Dégâts » (ESOD). Pour emprunter un exemple à l'entomologie, la présence de moustiques dans un écosystème sauvage équilibré ne permet pas de les classer dans la catégorie des nuisibles, même s'ils pullulent comme c'est le cas par exemple au pôle Nord durant la belle saison. À différents stades de leur vie, les moustiques représentent une source de nourriture pour plusieurs animaux aquatiques puis pour les animaux aériens. De ce fait, ils font partie d'un réseau trophique[1] très complexe.

De même, la présence d'une forte infestation par les parasites chez des animaux sauvages vivant dans un écosystème équilibré est un phénomène normal qui fait partie de fluctuations cycliques des populations parasitaires chez ces animaux. Même si cette augmentation de la population parasitaire provoque des troubles de la santé, voire des mortalités chez ces animaux, les parasites ne doivent pas être considérés comme nuisibles car ces maladies ou ces mortalités sont la résultante d'un équilibre dynamique perpétuel entre le parasite et son hôte qui permet de supprimer les sujets les plus sensibles à ces parasites. Les animaux malades ou morts suite à une infestation parasitaire entrent dans les réseaux trophiques comme source de nourriture pour plusieurs espèces animales.

NYMPHE

Chez les insectes, la nymphe est le stade qui suit les stades larvaires et précède le stade adulte. La

[1] Il faut parler de réseaux trophiques et non de chaines trophiques, ce dernier est biaisé car il traduit une conception simpliste des relations trophiques entre les êtres vivants. En effet, ces relations sont considérées à tort comme linéaires.

transformation d'une nymphe en adulte se fait suite à la mue imaginale. Certaines nymphes sont immobiles et protégées par une paroi, elles ne se nourrissent donc pas. Ces nymphes ont parfois des noms spécifiques : celle des lépidoptères (papillons[1]) sont appelées les chrysalides, celle des puces et des vers à soie sont appelées des cocons alors que celle des mouches sont appelées pupes.

Le stade nymphe est parfois confondu avec celui des larves, c'est le cas par exemple des poux. Les nymphes peuvent être des stades aquatiques mobiles, comme c'est le cas chez les moustiques. Les nymphes de moustiques ne se nourrissent pas, elles vivent sur les réserves accumulées durant les stades larvaires précédents. C'est un stade éphémère qui ne dure que 24 à 48 heures.

Le stade nymphal est difficile à cibler par les actions médico-vétérinaires si la nymphe est immobile car elle n'effectue que peu d'échanges avec le milieu extérieur (cas des pupes des puces) ou se trouve abritée dans le sol (cas des pupes des œstres, des hypodermes et des gastérophiles).

---

[1] Lépidoptères (du grec, *lepís*, écaille et *pterón*, aile) : c'est l'ordre d'insectes dont les adultes sont des papillons, il comporte entre 155 100 et 174 233 espèces. Les papillons passent par quatre stades, les œufs, les larves (appelées chenilles), les nymphes (appelées chrysalides) et les imagos (appelés papillons).

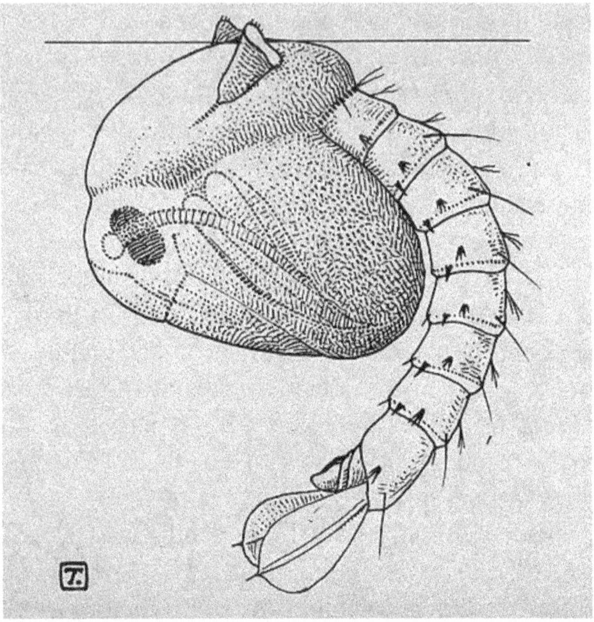

Nymphe d'un moustique anophèle (Wellcome images). Notez son aspect en virgule et la présence d'une paire de trompettes permettant la respiration.

ŒSTRES[1]

Les œstres sont des insectes parasites obligatoires des petits ruminants dont les adultes ne se nourrissent jamais.

Après accouplement, la femelle dépose ses larves sur la face des petits ruminants en exerçant une grande pression

[1] Œstres : du grec, *oîstros*, taon, au sens figuré, fureur.

sur son abdomen, ce qui donne l'impression d'un coup de poing sur le visage.

Les animaux essaient d'éviter ces attaques en se regroupant en cercles, en baissant leurs têtes, au milieu du cercle ou en fuyant les insectes, d'où le nom de ce parasite. Les larves stade 1 rampent et pénètrent activement dans les cavités nasales de l'hôte. Elles se transforment en larves stade 2 puis 3 dans les cavités nasales puis dans les sinus frontaux de l'hôte.

Ces larves provoquent un éternuement, un prurit nasal, un jetage nasal et dans certains cas, une sinusite. À l'occasion d'un éternuement, la larve stade 3 est expulsée par l'hôte, pénètre activement dans le sol et se transforme en pupe. L'éclosion de la pupe donne des adultes, mâles et femelles qui sont des stades volants et qui ne se nourrissent jamais.

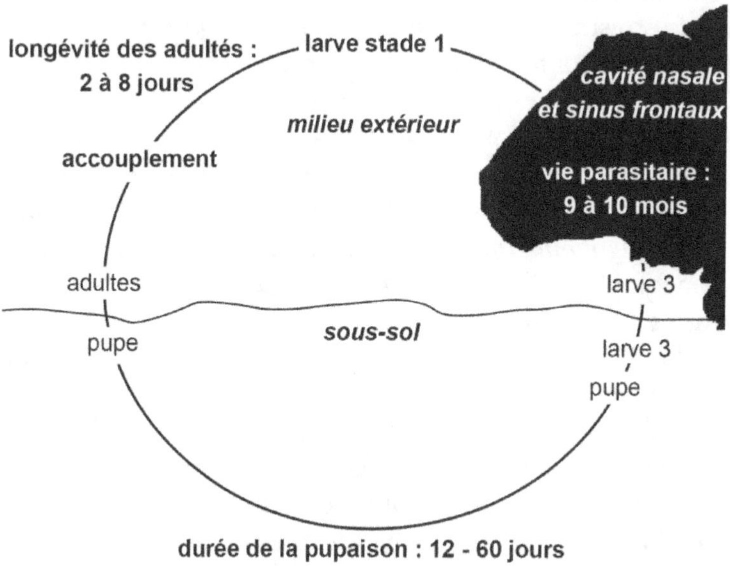

*Cycle biologique général d'*Oestrus ovis.

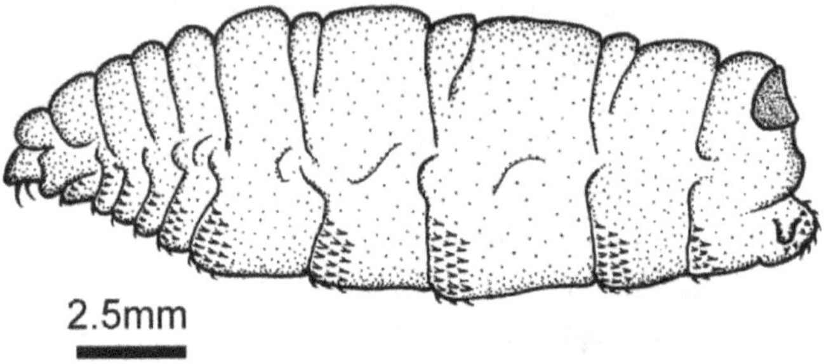

*Larve stade 3 d'*Oestrus ovis.
Notez la présence d'une paire de crochets à l'extrémité antérieure de la larve.

Les œstres peuvent infester accidentellement d'autres espèces comme le chien ou l'être humain. Chez ce dernier, les larves stade 1 se localisant au niveau des yeux ou de la bouche mais ne donnent jamais de larves stade 3.

Les œstres du dromadaire (*Cephalopina titillator*) sont de grande taille, ils sont à l'origine d'une très grande nuisance pour les animaux infestés.

Il existe au total neuf genres d'œstres infestant une très large gamme de mammifères domestiques et sauvages comme les équidés (*Rhinoestrus*), les éléphants (*Pharyngobolus africanus*), les antilopes (*Gedoelstia*), *les* kangourous (*Tracheomyia*)… Ce groupe de parasites forment un monde fascinant[1].

La lutte contre les œstres passe par l'administration d'antiparasitaires aux animaux infestés alors que ces insectes sont au stade parasitaire, c'est-à-dire sous la forme de larves dans les cavités nasales et les sinus frontaux de leurs hôtes. Il est possible également d'appliquer du goudron autour de la cavité nasale des ovins. Cette pratique

---

[1]Carlos E. Angulo-Valadez, Philip J. Scholl, Ramón Cepeda-Palacios, Philippe Jacquiet. 2010. Nasal bots... a fascinating world! *Veterinary Parasitology*. 174; 19–25.

est écoresponsable mais elle est difficile à mettre en œuvre. Les mouches ne sont actives que pendant les heures chaudes de la journée et évitent les zones ombragées. Ainsi, pour réduire les infestations, les animaux ne doivent pas paître pendant les heures chaudes de la journée sous le soleil.

ŒUF

La majorité des femelles des insectes pondent des œufs pour assurer la propagation de leurs descendances, ils sont appelés alors propagules.

Les œufs sont pondus dans des endroits qui varient en fonction de l'espèce. Ces endroits doivent permettre aux larves de survivre et de se nourrir (matière organique végétale ou animale en décomposition, tissus animaux, à la surface de la peau des animaux, dans l'eau, à la surface de l'eau…).

Les œufs des insectes sont généralement de petite taille, ils sont parfois microscopiques. Ils peuvent avoir différentes formes, couleurs et aspects. Les œufs des moustiques (famille des culicidés) possèdent des flotteurs qui leur permettent de ne pas couler dans l'eau. Ceux des *Aedes* sont enveloppés et peuvent résister à la sècheresse pendant plusieurs mois. Les œufs des poux, appelés lentes, sont fixés par un pédicule sur les poils, de ce fait le peignage ne permet pas de les éliminer.

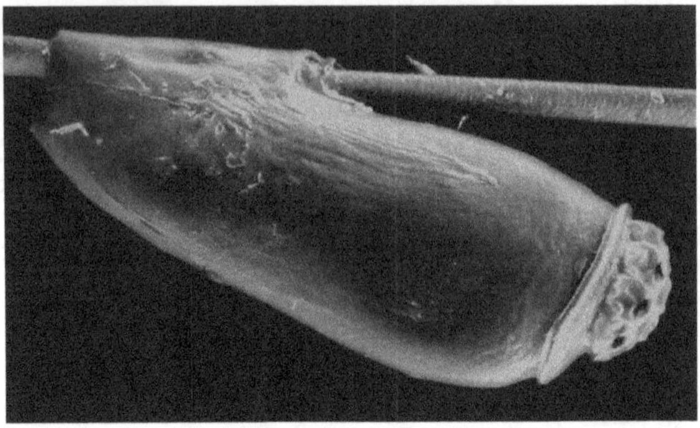

Vue sous microscope électronique de l'œuf d'un pou (appelé lente) fixé à un cheveu humain (Wikipédia).

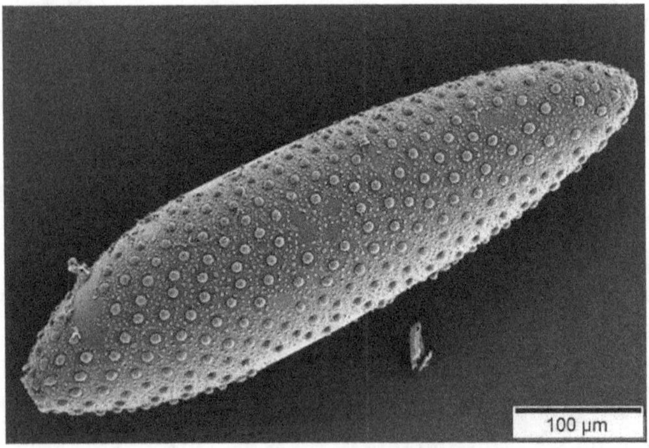

Vue sous microscope électronique de l'œuf d'un moustique (Wikimédia Commons).

Les espèces d'insectes peuvent être divisées en deux grands groupes. Ceux adoptant la stratégie K (K pour *Kapazitätsgrenze* ou capacité d'accueil du milieu) et ceux adoptant la stratégie r (r pour *reproduction rate* ou taux de reproduction). Les insectes ayant adopté la stratégie K sont peu prolifiques, c'est le cas des glossines. Par contre, les insectes ayant adopté la stratégie r, entrent précocement en activité sexuelle et les femelles sont prolifiques car dans ce groupe, entre l'éclosion de l'insecte et l'arrivée à la maturité sexuelle, le taux de mortalité est élevé. C'est le cas de la grande majorité des espèces d'insectes. Dans un écosystème équilibré, les biomasses d'insectes ayant adopté les deux stratégies restent sensiblement stables[1].

À cette règle dérogent quelques groupes d'insectes comme les œstres (*Oestrus ovis*) dont les femelles donnent des larves au stade 1. Les femelles des glossines, qui ne développent dans leur appareil génital qu'un seul œuf à la fois, ne donnant durant leur vie qu'entre 6 et 10 larves au stade 3. D'autres espèces sont qualifiées de pupipares, c'est le cas des mélophages (*Melophagus ovinus*), elles donnent des larves qui se transforment aussitôt en pupes.

L'œuf est un stade qui résiste aux divers traitements insecticides car l'embryon est protégé par la coquille mais il est sensible aux traitements thermiques, notamment la chaleur.

Les adultes des espèces d'insectes parasites qui ne se nourrissent pas doivent préserver l'énergie accumulée durant les stades larvaires, ils sont sémelparts[2]. C'est-à-dire que ces adultes meurent après la reproduction. Il s'agit notamment des œstres, des gastérophiles et des hypodermes.

---

[1] Reznick D, Bryant MJ, Farrah Bashey F. 2002. r- and K-selection revisited: the role of population regulation in life-history evolution. *Ecology*, 83(6). 1509–1520.

[2] Les espèces sémelpart sont des espèces végétales ou animales qui ne se reproduisent qu'une seule fois. Il s'agit de toutes les plantes annuelles et de plusieurs espèces d'invertébrés comme les tiques, la mante religieuse, les calmars… Cette stratégie permet de concentrer l'énergie (utilisée pour la croissance, l'entretien et la reproduction) pour la reproduction. Par opposition à ces espèces, la majorité des vertébrés sont itéropart, c'est-à-dire qu'elles se reproduisent plusieurs fois durant leur vie.

PALUDISME

On ne peut pas omettre le paludisme dans un livre qui traite de l'entomologie médico-vétérinaire. Même s'il s'agit d'une protozoose (maladie provoquée par un protozoaire), la piqûre par l'anophèle est la principale voie de transmission du protozoaire agent du paludisme (*Plasmodium*). De ce fait, nous évoquons ici le paludisme juste pour rappeler que cette maladie a provoqué en 2019 environ 229 millions de cas cliniques et 409 000 décès dans le monde dont 274 000 enfants âgés de moins de 5 ans. En 2020, la Chine a été certifiée par l'Organisation Mondiale de la Santé (OMS) indemne du paludisme puisqu'elle a passé 4 ans consécutifs sans déclarer un cas autochtone de cette protozoose. À partir de 2010, l'État chinois a mobilisé 13 ministères pour lutter contre le paludisme. Ainsi, en 70 ans, la Chine est passée de 50 millions à 0 cas annuels de paludisme. L'implication d'un aussi grand nombre de ministères illustre bien l'importance de l'approche *Une seule santé* dans les programmes de lutte contre les divers problèmes de santé.

PARTHÉNOGENÈSE[1]

C'est un mode de reproduction durant lequel la femelle donne une descendance avec des gamètes non fécondés[2]. En fonction du sexe de la descendance obtenue par parthénogenèse, on peut classer ce mode de reproduction en trois groupes :

(i) Thélytoque : la femelle non fécondée ne donne que des femelles.

(ii) Arrhénotoque : la femelle non fécondée ne donne que des mâles.

(iii) Deutérotoque : la femelle non fécondée donne des femelles et des mâles.

Ce mode de reproduction est de règle chez certains groupes d'insectes comme les abeilles (la reine donne alors des faux bourdons, qui sont des mâles), les fourmis et les pucerons.

Ce mode de reproduction réduit les coûts énergétiques mais a l'inconvénient de ne pas permettre un brassage génétique. Ces insectes ont adopté plusieurs stratégies pour contourner le problème d'appauvrissement génétique consécutif à ce mode de reproduction. Les faux bourdons de ruches étrangères sont acceptés, ce qui n'est pas le cas pour les ouvrières (elles sont refoulées si elles s'introduisent dans une ruche étrangère).

---

[1] Parthénogenèse : du grec, *parthénos*, vierge, et *génesis*, naissance.

[2] La parthénogenèse est à différencier de l'hermaphrodisme, qui fait intervenir deux gamètes, issus d'un ou de deux individus.

PÉRIODE D'INCUBATION EXTRINSÈQUE

C'est la période qu'un agent pathogène absorbé par un vecteur biologique doit passer chez ce dernier pour pouvoir être transmis à l'hôte suivant.

Cette durée de temps est indispensable pour assurer le développement de l'agent pathogène chez le vecteur. Ainsi, si un vecteur biologique s'infecte par un agent pathogène et effectue tout de suite après un second repas de sang, il ne transmet pas l'infection au deuxième sujet.

Cette période varie en fonction d'abord de l'agent pathogène en question et secondairement en fonction du vecteur mais aussi des conditions abiotiques, notamment la température (n'oublions pas que les vecteurs sont des êtres vivants poïkilothermes). Par exemple, elle est en moyenne de 19 jours pour *Leishmania infantum* (agent étiologique de la leishmaniose) chez le vecteur *Phlebotomus*.

Rappelons qu'il n'y a pas de période d'incubation extrinsèque pour les agents pathogènes transmis mécaniquement.

PESTE[1]

La peste est une maladie zoonotique due à la présence et au développement d'un bacille appelé *Yersinia pestis*, il est transmis par les puces (peste bubonique) ou directement entre les humains (peste pulmonaire).

Chez l'être humain, cette maladie est à la fois contagieuse (dans sa forme pulmonaire) et vectorisée (dans sa forme bubonique).

Vu le nombre de morts provoqués par ce bacille au cours de l'histoire, la peste a marqué la mémoire collective de toute l'humanité[2].

Le rôle des puces dans la transmission de ce bacille est capital. Les puces des rats (*Xenopsylla cheopis*) entretiennent le cycle épidémiologique sauvage de la peste entre rats. Lorsque ces derniers meurent de la peste, les puces passent sur les humains pour se nourrir et leur transmettent alors l'infection. Si les puces (*Pulex irritans*) infestent les humains, elles donnent lieu à un nouveau cycle de ce bacille entre humains. Le cycle est également entretenu entre humains par contagion directe.

---

[1] Peste : du latin *pestis*, fléau.

[2] La peste noire qui a sévi au milieu du XIVe siècle a provoqué la mort d'environ 10 millions de personnes soit le tiers de la population européenne de l'époque.

Médecin de peste (Wikipédia).
Gravure de Paul Fürst (1656) durant l'épidémie de peste à Rome au XVIIe siècle.

Chez certaines puces, les bacilles de la peste provoquent un blocage proventriculaire qui empêche le sang d'être absorbé par la puce lors du repas sanguin, ce qui la pousse à quitter l'hôte pour aller continuer son repas sanguin sur un autre. Ce passage sur plusieurs hôtes successifs augmente de manière significative le rôle épidémiologique des puces vectrices de l'infection car elles passent rapidement d'un hôte à un autre.

Le roman d'Albert Camus, *La peste* a été publié en 1947, c'est une chronique qui retrace la vie des Oranais lors d'une épidémie de peste bubonique survenue en 1940.

PHÉROMONES

Ils sont appelés aussi phérohormones. Ce sont des molécules ayant des activités similaires à celles des hormones mais qui agissent à distance chez d'autres individus de la même espèce. De plus, contrairement aux hormones, elles peuvent avoir différentes natures chimiques. Les phéromones sont très importantes chez plusieurs espèces animales, elles sont moins importantes chez l'être humain.

Chez les insectes, les phéromones sont captées par les antennes et jouent plusieurs rôles. Elles peuvent être subdivisées en deux grandes familles :

(i) Les phéromones sexuelles : elles interviennent dans la reproduction, notamment l'attirance entre mâles et femelles. Les phéromones sexuelles des mouches sont utilisées dans les appâts mélangés avec un insecticide inodore. Ainsi, les mouches sont attirées vers ces appâts et meurent suite à l'action de l'insecticide. Elles sont utilisées également en apiculture pour attirer les abeilles lors de leur essaimage.

(ii) Les phéromones sociales : régulent les populations d'insectes et leur répartition dans l'espace. Elles peuvent stimuler les insectes pour se regrouper (phéromones d'agrégation), ou au contraire se disperser (phéromones d'espacement), elles permettent aux insectes d'indiquer un chemin particulier (phéromones de traces), de signaler un danger (phéromones d'alarme), de marquer un territoire (phéromone de territoire)…

PHLÉBOTOMES[1]

Ce sont des diptères holométaboles appartenant à la famille des psychodidés, il ne s'agit donc pas de moustiques (qui eux, appartiennent à la famille des culicidés).

Leur taille réduite (1,5 à 4 mm) fait qu'ils ont un vol silencieux, ce qui permet de les différencier des culicidés.

Les femelles de ces insectes sont hématophages par telmophagie (ils créent une petite flaque de sang sous-cutanée à partir de laquelle ils pompent le sang). La piqûre des phlébotomes est très douloureuse, ces insectes sont d'ailleurs appelés au Moyen-Orient *Harara* (mot arabe signifiant chaleur).

[1] Phlébotome : de *phlébo*, veine et *tomie*, couper.

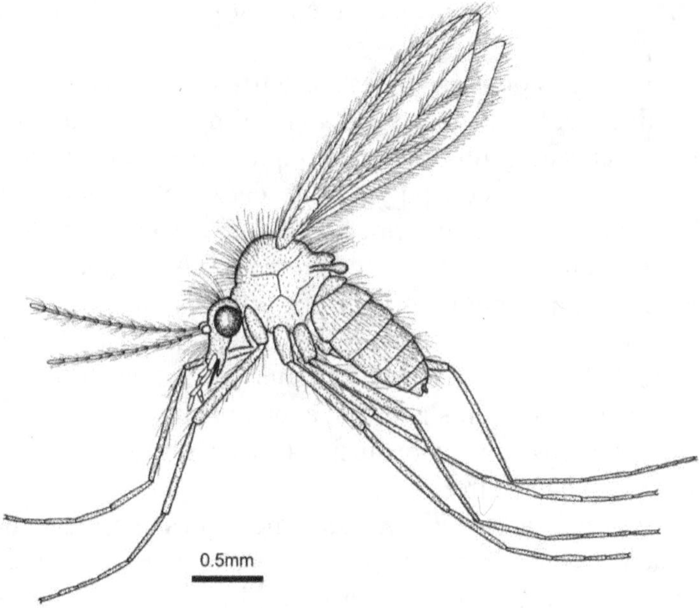

Phlébotome (Wikimédia Commons).
Notez le corps gibbeux (bossu) typique des phlébotomes, la présence de petits yeux et les ailes en lancettes.

Les phlébotomes sont classés en deux groupes : les phlébotomes de l'Ancien Monde (ils appartiennent aux genres *Phlebotomus* et *Sergentomyia*) et les phlébotomes du Nouveau Monde (ils appartiennent aux genres *Lutzomyia, Brumptomyia, Warileya...*).

La femelle pond entre 30 et 70 œufs dans des gîtes humides, frais, sombres et riches en matière organique.

Après une incubation d'une à deux semaines, l'éclosion donne une larve qui passe par quatre stades larvaires successifs puis une pupe à partir de laquelle émerge un imago. Contrairement aux culicidés (moustiques), les larves des phlébotomes ne sont pas aquatiques. Trois à cinq jours après l'émergence, la femelle est prête pour prendre un repas sanguin.

Les phlébotomes sont les vecteurs des leishmanioses humaines et animales[1]. Il s'agit d'infections par des protozoaires du genre *Leishmania* qui donnent une maladie ayant une expression polymorphe chez l'être humain et chez les animaux domestiques, notamment le chien mais aussi le chat et très secondairement les équidés. Les femelles de phlébotomes sont plus attirées par les chiens atteints de leishmaniose que par les chiens non infectés. Par contre, les phlébotomes mâles ne sont pas du tout attirés par les chiens infectés. Il s'agit d'une manipulation réalisée par le protozoaire augmentant ainsi ses chances de transmission d'un chien à un autre[2].

Les phlébotomes sont également des vecteurs de plusieurs virus (virus de la fièvre pappataci[3], le Chandipura vesiculovirus, le Punique virus…). Les phlébotomes du genre *Lutzomyia* transmettent également une bactérie (*Bartonella bacilliformis*) qui est un agent causal d'une forme de bartonellose.

La lutte contre les phlébotomes est très difficile. En effet, les gîtes larvaires ne sont pas très connus et en tout cas d'un accès difficile. Il peut s'agir des fèces des animaux, notamment ceux des chiens.

---

[1] Les leishmanioses sont des parasitoses infectieuses à transmission vectorielle. Elles sont dues à la présence et à la multiplication dans les macrophages de plusieurs espèces de protozoaires du genre *Leishmania*. Ces maladies peuvent être soit zoonotiques (elles passent de l'animal à l'être humain et vice-versa) ou anthroponotiques (c'est-à-dire qu'elles sont spécifiques à l'être humain).

[2] Staniek ME, Hamilton JGC. 2021. Odour of domestic dogs infected with *Leishmania infantum* is attractive to female but not male sand flies: Evidence for parasite manipulation. *PLoS Pathogens*. 17 (3): e1009354. Doi: 10.1371/journal.ppat.1009354.

[3] Pappataci : de l'italien, *pappa*, gobe et *taci*, tais-toi.

Afin de parer à la leishmaniose du chien, ce dernier doit porter un collier insecticide, le plus souvent à base de deltaméthrine, qui forme autour de l'animal une sphère d'insecticide ayant un effet répulsif dont l'effet dure pendant plusieurs mois. Des vaccins contre la leishmaniose canine offrant différents niveaux de protection sont disponibles.

PHORÉSIE

La phorésie a été définie depuis 1700, c'est un cas particulier de commensalisme. Elle se définit comme une relation entre deux êtres vivants au cours de laquelle, un être vivant (appelé le phoronte) se fixe sur les téguments externes d'un autre (appelé l'hôte) pour se faire transporter. Le phoronte peut se fixer de manière temporaire (la phorésie dure alors de quelques minutes à quelques semaines) ou permanente sur l'hôte. Ce dernier peut avoir des tailles très différentes allant de l'insecte à la baleine.

La limite entre la phorésie et le parasitisme est floue pour deux raisons. D'abord, si le phoronte provoque une importante dépense énergétique pour l'hôte, il devient un parasite puisqu'il cause des dommages à son hôte (perte énergétique). Même si sur le plan clinique et lésionnel, l'hôte n'en est pas affecté. D'un autre côté, la phorésie peut se transformer en parasitisme au cours de l'évolution. Ainsi, le phoronte utilise l'hôte pour se déplacer puis progressivement, il commence à l'exploiter pour se nourrir, dès lors la relation bascule vers le parasitisme.

Dans les relations de phorésie, les insectes peuvent jouer à la fois le rôle d'hôtes et de phorontes. Ainsi, les poux des animaux peuvent se fixer sur les mouches pour se déplacer et aller infester d'autres animaux. Les pseudo-scorpions[1] sont également des phorontes des mouches.

Un cas très particulier de phorésie est induit par la femelle de *Dermatobia hominis*. Une fois cette mouche gravide, elle attrape un moustique pour déposer ses œufs sur son abdomen et le moustique les transportera durant toute l'incubation. L'éclosion est induite par la chaleur émise par la peau de l'hôte du moustique lorsque ce dernier effectue son repas sanguin.

PIÈGE POUR DIPTÈRES VOLANTS

Ce sont des pièges qui permettent de collecter les diptères volants comme les moustiques, les culicoïdes et les glossines. Ces pièges ont été à l'origine développés pour la surveillance entomologique des vecteurs puis des modèles à usage domestique (dans le jardin ou intra-domiciliaire) ont été développés et commercialisés.

Les pièges sont constitués de trois parties :

(i) Une source lumineuse alimentée par une batterie.

(ii) Un attractif, il peut s'agir du dioxyde de carbone, des phéromones, l'octenol, l'acide lactique,

[1] Les pseudo-scorpions sont des arachnides de l'ordre des Pseudoscorpionida inoffensifs pour l'être humain.

l'ammoniac... Les glossines (mouches tsé-tsé) sont attirées par la couleur bleue.

(iii) Un collecteur des insectes.

Dans le cadre des études entomologiques, les insectes sont collectés, identifiés et comptés. Les chercheurs peuvent simplement recenser ces insectes ou chercher des agents pathogènes dans leurs corps par différentes techniques notamment la biologie moléculaire.

POÏKILOTHERME

Ce sont des êtres vivants ayant une température corporelle qui varie en fonction de celle du milieu dans lequel ils vivent, ils sont appelés également espèces à sang froid[1].

Les poïkilothermes s'opposent aux homéothermes qui ont une température centrale indépendante de celle de l'environnement dans lequel ils se trouvent, ce groupe est représenté par les oiseaux et les mammifères. Ces espèces sont dites de ce fait à sang chaud.

Vu le rapport surface/volume élevé des insectes et vu la petitesse de leurs tailles, le maintien de la température corporelle constante nécessite une grande dépense énergétique, ils sont de ce fait des poïkilothermes.

Les insectes possèdent des thermorécepteurs situés principalement au niveau de leurs antennes, ils peuvent ainsi apprécier la température de l'environnement dans

[1] Espèce à sang froid : cette dénomination est à éviter pour les insectes car ils n'ont pas de sang mais de l'hémolymphe.

lequel ils se trouvent. Il y a un intervalle de température dans lequel chaque espèce d'insectes peut survivre. La tolérance aux températures extrêmes varie en fonction des espèces. Certaines espèces d'insectes dites extrêmophiles, peuvent vivre dans des milieux à températures extrêmes, c'est-à-dire de très basses ou au contraire, des températures très élevées.

Même si les insectes sont des poïkilothermes, ils régulent leur température dans de légères proportions de deux manières : en produisant de l'énergie[1] ou en réagissant avec le milieu extérieur en changeant de comportement. Ces insectes sont qualifiés d'ectothermes, certaines espèces par exemple sont actives pendant la période de la journée durant laquelle la température leur est favorable. C'est le cas des adultes d'hypodermes ou d'œstres qui ne sont actifs que pendant les heures chaudes de la journée.

Pour augmenter leur température, les insectes peuvent s'exposer au soleil[2] ou faire frémir leurs ailes.

Pour diminuer leur température, les insectes peuvent se placer à l'ombre, sous une feuille ou s'enfouir dans le sol… Cette période est appelée le répit thermique. Les insectes peuvent se déplacer horizontalement ou verticalement (s'éloigner ou se rapprocher du sol) pour trouver la température idoine.

Chez les insectes sociaux, notamment les abeilles, la régulation de la température du corps et de la ruche est un processus collaboratif. Il fait intervenir plusieurs abeilles spécialisées appelées les ventileuses qui peuvent, grâce aux battements de leurs ailes rafraîchir la ruche. Par temps très

---

[1] Chez ces espèces d'insectes, il y a un système primitif de thermorégulation. Cette dernière est discontinue chez les insectes et fait intervenir quatre mécanismes d'échanges thermiques : la conduction, la convection, la radiation et l'évaporation.

[2] *Basking* (se prélasser) : terme anglais désignant l'exposition des êtres vivants poïkilothermes au soleil pour augmenter leur température. Ce comportement existe notamment chez les insectes et les reptiles.

froid, les abeilles s'agglutinent et forment des grappes dans la ruche.

La température est le principal facteur conditionnant l'activité des insectes. Ainsi, l'épidémiologie des entomoses[1] et des infections vectorielles transmises par les insectes est fortement influencée par la température.

POU

C'est un groupe d'insectes parasites obligatoires (pour compléter leur cycle, ils doivent infester un hôte) des oiseaux et des mammifères. Ce groupe d'insectes comporte environ 5 000 espèces mais plusieurs sont certainement à découvrir, notamment chez les animaux sauvages.

Contrairement aux puces, les poux sont spécifiques de leurs hôtes à quelques exceptions près, comme les poux du chien qui se transmettent à l'être humain.

Les poux sont des parasites permanents qui peuvent être soit hématophages (se nourrissent du sang) ou malophages (se nourrissent des débris cutanés, de poils et de plumes).

Les oiseaux ne sont infestés que par ce dernier groupe de poux.

L'infestation par les poux est appelée phtiriose chez les animaux et pédiculose ou phtiriase chez l'être humain. Le pou de l'être humain *Pediculus humanus* possède le plus petit génome de tous les insectes connus. La transmission du morpion par l'être humain (*Pthirus pubis*) se fait suite à

[1] Entomose : maladie provoquée par un insecte.

un contact sexuel. Il s'agit alors d'une des rares parasitoses transmises sexuellement[1].

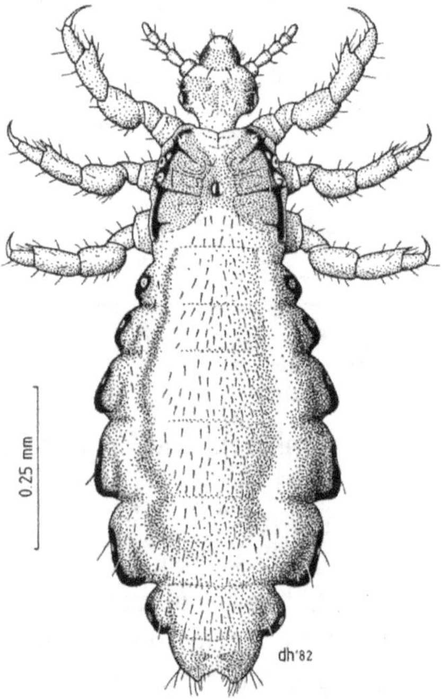

Pou de l'Homme (Wikimédia Commons).
Notez la présence d'une paire d'yeux au niveau de la tête et la présence de crochets à l'extrémité des pattes permettant à l'insecte de s'agripper sur son hôte.

---

[1] Contrairement aux virus et aux bactéries, il y a très peu de parasites transmis sexuellement. La trichomonase humaine (*Trichomonas vaginalis*), la tritrichomonose bovine (*Tritrichomonas foetus*) et la dourine (*Trypanosoma equiperdum*) sont également des parasitoses à transmission sexuelle.

L'infestation par les poux est à l'origine d'un prurit plus ou moins intense pouvant provoquer des lésions cutanées (ces lésions sont alors dites auto-induites) et affecter l'état général de l'hôte.

En plus de ce rôle pathogène direct, les poux hématophages sont des vecteurs de plusieurs agents pathogènes. En effet, les poux transmettent à l'être humain l'agent du typhus exanthématique (*Rickettsia prowazekii*), l'agent de la fièvre récurrente à poux (*Borrelia recurrentis*) et l'agent de la fièvre des tranchées (*Bartonella quintana*).

Les poux sont des hôtes accessoires d'un ténia zoonotique du chien et du chat (*Dipylidium caninum*).

Comme tous les stades se trouvent sur l'hôte, la lutte contre les poux passe essentiellement par l'application d'insecticides sur le sujet. Néanmoins, des poux libres peuvent être retrouvés dans les lieux où couche le sujet.

Chez l'être humain, toute la literie doit être traitée par la chaleur pour éviter une contamination à partir de ces parasites libres.

PRÉFÉRENCE TROPHIQUE

La préférence trophique est la préférence d'hôte exprimée par les insectes. Cette préférence n'est pas absolue, comme le dit le dicton qui s'applique bien à ce contexte « *à défaut de grives, on mange des merles* ». C'est l'instinct de survie qui prend le dessus si l'insecte ne trouve pas ses hôtes préférentiels. Il opte alors pour des substituts.

Certaines espèces d'insectes ne peuvent parasiter qu'une espèce (ou un groupe d'espèces), elles sont qualifiées d'espèces sténotropes, on parle aussi d'espèces monotropes (ou ditropes s'il s'agit de deux espèces hôtes) mais ces termes sont surtout utilisés pour les tiques et non pour les insectes. C'est le cas de la majorité des espèces de poux. C'est également le cas des gastérophiles qui ne parasitent que les équidés et les cervidés (à part les infestations accidentelles qui ne permettent généralement pas au parasite de finir son cycle).

D'autres espèces, peuvent infecter une large gamme d'hôtes, elles sont qualifiées alors d'eurytropes ou télotrope, ce dernier terme est surtout utilisé pour désigner des tiques qui peuvent infester n'importe quel d'arthropode. C'est aussi le cas de plusieurs espèces de puces, c'est également le cas des mouches dont les larves sont des agents de myiases qu'elle dépose chez différentes espèces animales.

La préférence trophique peut aussi être subdivisée en deux types en fonction de la position taxonomique de l'hôte. Ainsi, les moustiques peuvent être divisés en espèces zoophiles (celles qui préfèrent effectuer leur repas sanguin sur les animaux) et des espèces anthropophiles (elles préfèrent effectuer leurs repas sanguins sur les humains). Parmi les espèces zoophiles, il existe des espèces ornithophiles qui effectuent leurs repas sanguins sur les oiseaux.

La préférence trophique peut concerner aussi le lieu du repas sanguin, il existe par exemple des espèces de culicoïdes qui prélèvent leur repas sanguin sur les animaux dans les locaux d'élévage (espèces endophages). D'autres espèces de culicoïdes effectuent leur repas sanguin à l'extérieur des locaux d'élevage (espèces exophages).

La préférence trophique peut également concerner l'heure du repas sanguin. Ainsi, les moustiques sont nocturnes, ils effectuent leurs repas sanguins pendant la nuit. Par contre, les adultes d'*Hypoderma* (agent de la maladie du varron ou hypodermose bovine) ainsi que les œstres (agents de l'œstrose ovine) ne sont actifs que durant les heures chaudes de la journée et ce, par souci de parcimonie car les adultes de ces insectes ne se nourrissent pas et vivent sur les réserves accumulées durant les stades larvaires.

Toutes ces préférences ont des explications biologiques qu'il serait fastidieux de développer dans le cadre de cet ouvrage. Elles ont un impact évident sur l'épidémiologie des maladies. De ce fait, toutes ces caractéristiques biologiques et comportementales doivent être connues pour chaque espèce d'insecte et prises en considération lors de la mise en place des programmes de lutte contre les vecteurs et les infections qu'ils transmettent.

PSEUDOLYNCHIA

C'est un insecte qui appartient à la famille des hippoboscidés (il est donc de la même famille que les hippobosques). Ce genre comporte cinq espèces toutes parasites des oiseaux.

Cet insecte est un parasite hématophage des oiseaux, surtout les pigeons. On le rencontre dans les nids notamment chez les pigeonneaux.

Pseudolynchia est un vecteur d'un protozoaire du sang des pigeons : *Haemoproteus columbae*. Cette infection peut être mortelle chez les oiseaux fortement infectés.

Pseudolynchia est un parasite très important en colombophilie car il provoque des pertes en pigeonneaux suite à l'anémie et à l'infection par *Haemoproteus columbae.*

Certaines espèces de poux des oiseaux du groupe Ischnocera sont des phorontes de *Pseudolynchia.* Ils s'grippent sur cet insecte pour infester de nouveaux hôtes.

PTÉRYGOTES[1]

C'est une sous-classe d'insectes possédant deux paires d'ailes. Tout comme plusieurs autres groupes d'êtres vivants, la taxonomie des insectes est en perpétuelle révision, grâce notamment aux outils génétiques. Ainsi, la dichotomie ptérygotes *versus* aptérygotes a fait l'objet de controverses.

Certains insectes ptérygotes ont perdu leurs ailes soit définitivement durant l'évolution (cas des puces, des punaises, des poux…), soit elles se trouvent à l'état vestigial (cas des mélophages), soit ils n'en ont que pendant une période de leur vie (les fourmis par exemple ne développent des ailes que pendant la période de reproduction).

Au cours de l'évolution, la deuxième paire d'ailes s'est transformée en organe d'équilibre (les balanciers ou haltères) chez les diptères et en organes de protection (les élytres[2]) de la première paire d'ailes chez les coléoptères.

---

[1] Ptérygotes : du grec, *ptéryx*, ailes.
[2] Élytre : du grec, *elutron*, étui.

La morphologie des ailes de plusieurs insectes est utilisée pour la diagnose de l'espèce. Les ailes sont parcourues par des nervures qui ont un rôle de maintien, un rôle sensoriel et pour les plus grandes, un rôle nourricier (apport de nutriments, d'oxygène et de différentes molécules comme les hormones).

PUCE

Les puces sont des insectes siphonaptères[1] hématophages de 2 à 5 millimètres de taille en moyenne. Il y aurait sur Terre environ 2 500 espèces de puces, plusieurs seraient à découvrir. Les puces sont adaptées au saut, elles peuvent sauter environ 18 cm en hauteur et 33 cm horizontalement à une vitesse de 450 km/h. Durant leur saut, les puces subissent une force centrifuge de 140 g (rappelons que le record mondial chez les humains est de 46,2 g).

Les puces se nourrissent de sang au stade adulte, la femelle pond des œufs (en moyenne 400 à 500 œufs par femelle) qu'elle dépose sur le pelage de son hôte sans les fixer, ils tombent alors par terre principalement dans le lieu de couchage de l'animal. Les œufs éclosent et donnent trois stades larvaires successifs. Les larves stade 3 se transforment en pupes puis en pré-adultes appelés également adultes pré-émergés. Ces derniers restent à

[1] Siphonaptères : du latin *sipho*, tube, a privatif et du grec *pteron*, aile. C'est l'ordre d'insectes comprenant les puces.

l'affut d'un hôte pendant plusieurs jours (jusqu'à 140 jours).

La durée totale du cycle des puces varie énormément en fonction des conditions abiotiques et de la disponibilité des hôtes entre 1 et 20 mois.

Seules 5% des puces se trouvent sur l'animal et 95% dans son environnement sous des formes correspondant aux divers stades (œufs, larves, pupes et pré-adultes). La prédominance des formes parasitaires dans le milieu extérieur explique les échecs fréquents lorsque la lutte ne cible que les adultes présents sur les animaux.

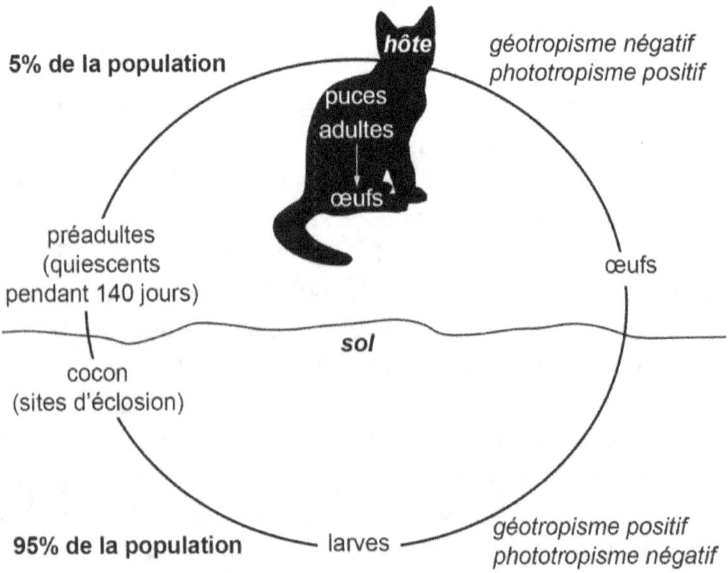

Cycle biologique général des puces.
La durée totale de ce cycle varie de 1 à 20 mois.

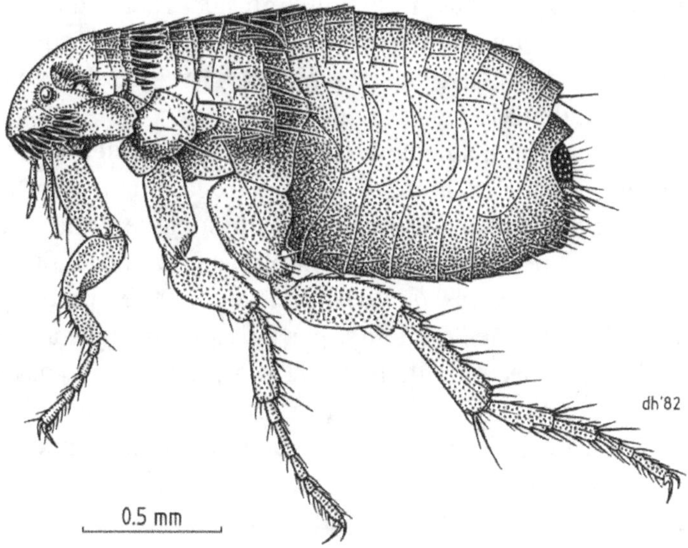

Puce du chat (Ctenocephalides felis felis) *(Wikimédia Commons).*
Notez la présence de trois paires de pattes adaptées au saut.

Les puces provoquent une anémie plus ou moins sévère en fonction de l'intensité d'infestation et de la taille de l'animal, un prurit d'intensité variable, une dépilation auto-induite (c'est-à-dire provoquée par l'animal lui-même suite au grattage). Chez certains sujets (aussi bien les humains que les carnivores), s'installe une allergie aux piqûres de puces qui peut résulter d'un nombre aussi réduit que deux puces.

Les puces sont les hôtes intermédiaires[1] d'un ténia des carnivores qui peut rarement infester l'être humain : *Dipylidium caninum*. Cette infestation a lieu suite à l'ingestion de puces infestées par les larves de ce ténia à l'occasion du toilettage (appelé *grooming*).

Les puces transmettent également des bactéries dont certaines sont zoonotiques. La bactérie la plus importante est *Yersinia pestis*, qui est l'agent étiologique de la peste humaine. Un cycle sauvage impliquant la puce du rat (notamment *Xenopsylla cheopis*) assure l'entretien de l'infection chez les rongeurs, par ailleurs sensibles à cette bactérie. Les puces quittent les rats morts de peste et passent sur les humains qui sont ainsi infectés par le bacille de la peste. Le cycle interhumain est entretenu par la puce de l'être humain (*Pulex irritans*) et par la voie respiratoire (cette forme de peste est contagieuse). La peste humaine a causé des millions de morts au fil de l'histoire.

Le rôle pathogène direct et indirect des puces a beaucoup influencé l'imaginaire collectif de l'humanité. Si bien que les puces font l'objet de plusieurs citations et œuvres littéraires traitant des puces et de la peste.

Les puces ont été utilisées durant le XVIIIème et le XIXème siècle comme des « actrices » dans des scènes de rue surtout en Angleterre, elles étaient appelées les puces savantes.

La lutte contre les puces est difficile notamment si des insecticides chimiques sont appliqués sur l'animal car la majorité des insectes sont libres dans le milieu extérieur et ils sont hors de portée de l'insecticide. Il faut lutter contre la puce chez tous les animaux présents (on parle de la maisonnée) mais aussi, dans l'environnement.

---

[1] Les hôtes intermédiaires hébergent les formes immatures des parasites par contre, les hôtes définitifs hébergent les formes sexuées des parasites.

Il existe actuellement plusieurs spécialités vétérinaires modernes qui agissent sur les puces adultes. Elles sont souvent associées à des molécules ayant une activité sur les œufs (on parle de molécules ovicides) et sur les larves (on parle de molécules larvicides).

Les puces du genre *Tunga* sont présentes dans les régions tropicales. Les femelles fécondées de ces puces pénètrent dans la peau de leur hôte. Ce genre comporte 13 espèces de puces infestant les mammifères sauvages et une infestant les animaux domestiques et l'être humain : *Tunga penetrans*. Cette dernière est la plus petite puce, elle ne fait que 1 mm de taille. Elle est présente dans les zones tropicales d'Afrique et d'Amérique. Les adultes vivent dans le milieu extérieur et se nourrissent de sang de différentes espèces de mammifères. La femelle fécondée pénètre (d'où son nom, *penetrans*) dans la peau d'un animal ou d'un être humain en plaçant son extrémité postérieure en contact avec le milieu extérieur pour pouvoir respirer à travers l'orifice cutané. La puce-chique pond des œufs qui sont évacués directement dans le milieu extérieur à travers l'orifice cutané. En 2015, une nouvelle espèce, *Tunga perforans*, a été découverte chez le tatou en Argentine, elle transperce son ostéoderme pour se loger dans la carapace de l'animal[1].

[1] Ezquiaga MC, Linardi PM, De Avelar DM, Lareschi M. 2015. A new species of *Tunga* perforating the osteoderms of its armadillo host in Argentina and redescription of the male of *Tunga terasma*. *Medical and Veterinary Entomology*. 29 (2): 196-204. Doi: 10.1111/mve.12106.

PUNAISE

Ce terme est générique, il désigne plusieurs espèces d'insectes, parmi lesquelles des parasites de l'être humain et des animaux, notamment les oiseaux.

Ce sont des insectes de petite taille (5 à 8 mm), hématophages pour les deux sexes, elles sont douées d'une très grande résistance au jeûne. Les punaises pullulent surtout dans les lieux d'habitations de collectivités (dortoirs, hôtels…). Elles peuvent infester les maisons, notamment par voisinage infesté, après acquisition de meubles anciens (on dit que les punaises sont des parasites qui s'achètent), être introduites avec les bagages (c'est un parasite qui voyage dans les valises)… Le romancier Paul Guilloux écrit dans son roman *Le Pain des rêves* : « Les punaises sont de petits animaux plats et puants, d'où leur nom. Et tenaces... »[1] Folio, p 46.

Les punaises provoquent un prurit et un stress qui constituent une très grande nuisance pour les humains et les animaux infestés. En nombre élevé, elles dégagent des phéromones senties par les humains.

---

[1] Paul Guilloux, *Le Pain des rêves*. Folio.

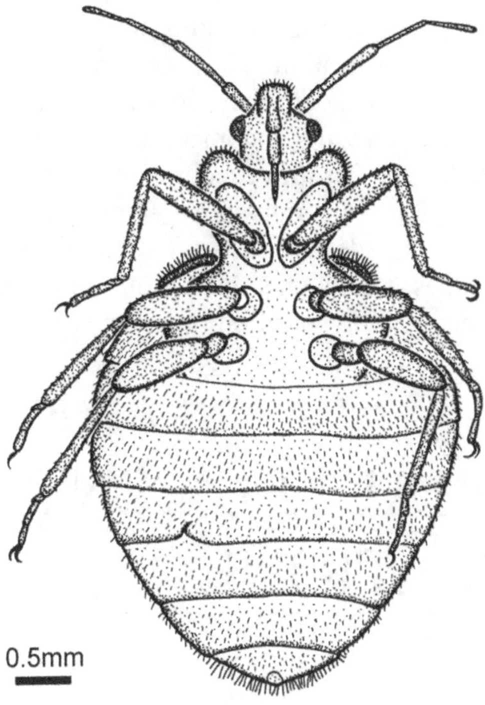

Vue ventrale d'une punaise (Cimex) *(Wikimédia Commons).*

Le rôle vecteur de ces insectes est faible. En 2015, des *Trypanosoma cruzi*, protozoaires agents étiologiques de la maladie de Chagas ont été retrouvés dans les fèces de punaises de lit[1].

La lutte contre ces insectes dans les habitations humaines est très ardue car ils ont une très grande résistance

[1] Salazar R, Castillo-Neyra R, Tustin AW, Borrini-Mayorí K, Náquira C, Levy MZ. 2015. Bed bugs (*Cimex lectularius*) as vectors of *Trypanosoma cruzi. American Journal of Tropical Medicine and Hygiene.* 92 (2): 331-335. Doi: 10.4269/ajtmh.14-0483.

au jeûne et pénètrent profondément dans les interstices des meubles et les crevasses. Plusieurs méthodes sont proposées : l'application d'insecticides, l'utilisation d'aspirateurs, les méthodes thermiques (froid ou chaleur) et l'utilisation de terre de diatomées (cette méthode est à proscrire du fait des risques encourus pour les humains).

La lutte doit impérativement être menée par les professionnels de désinsectisation d'abord pour assurer l'efficacité des traitements et surtout pour réduire les risques d'intoxication pour l'être humain et les animaux.

RÉCHAUFFEMENT CLIMATIQUE

Le réchauffement climatique est un phénomène global qui influence de manière significative la biologie des insectes car ce sont des êtres vivants poïkilothermes (à sang froid).

Le réchauffement climatique intervient de différentes manières :

(i) L'augmentation de la température provoque une diminution de la durée des cycles biologiques de plusieurs insectes, augmentant ainsi le nombre de générations par an.

(ii) L'augmentation de la température peut provoquer une annihilation de l'hibernation des insectes. Ils deviennent alors actifs pendant une longue période de l'année, voire toute l'année.

(iii) Le changement de l'aire de distribution des insectes qui évolue le plus souvent vers l'extension.

Toutes ces modifications influencent d'abord le pouvoir pathogène direct des insectes parasites mais entraînent surtout un changement, voire un bouleversement de l'épidémiologie des infections vectorisées par les insectes.

Les professionnels de la santé humaine et animale doivent être préparés à ces changements climatiques par la mise en place de systèmes de surveillance entomologique visant à détecter toute modification de la biologie et de la distribution géographique des insectes. Des mesures adéquates doivent être prises pour réduire l'impact de ces bouleversements. Il s'agit par exemple de décaler la date de la mise en œuvre des programmes de lutte.

RÉDUVE

Ce sont des insectes qui constituent la famille des réduviidés, de l'ordre des hémiptères. La majorité des réduves sont phytophages. C'est-à-dire que ce sont des espèces qui se nourrissent de végétaux.

Les réduves de la sous-famille des triatominés sont des insectes hématophages nocturnes ailés au stade adulte, retrouvés principalement en Amérique Latine. Ce groupe comporte 138 espèces mais la capacité vectorielle de ces insectes est très variable et seules cinq espèces ont une grande importance épidémiologique.

L'insecte se développe par mues successives mais les stades immatures sont également hématophages et ressemblent aux adultes sauf qu'ils sont plus petits et n'ont pas d'ailes fonctionnelles.

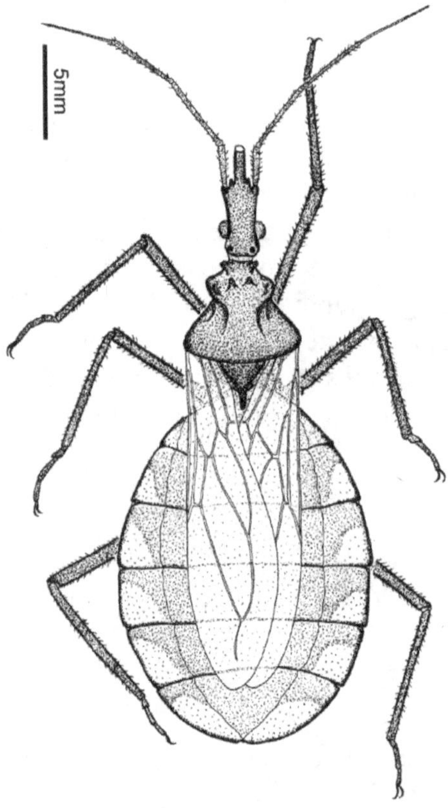

Réduve du genre Triatoma *(Wikimédia Commons).*

Les adultes de ces insectes sont de grande taille, ils font entre16 et 22 mm de long. Ces insectes effectuent un repas sanguin sur des sujets qui dorment, ils concentrent aussitôt le sang qu'ils ont prélevé en éliminant l'excès d'eau présente dans le sang alors qu'ils sont encore sur l'hôte. Cette goutte de fèces est très riche en *Trypanosoma cruzi* (trypanosome agent étiologique de la maladie de Chagas).

Lorsque l'effet analgésiant de la salive de ces insectes est estompé, le lieu de la piqûre devient prurigineux, l'hôte se gratte alors s'auto-infligeant des microlésions cutanées représentant une porte d'entrée pour *Trypanosoma cruzi*. Comme ces trypanosomes sont transmis par les fèces, ils sont appelés des stercoraires[1].

La lutte contre ces insectes ayant un très grand rôle vecteur passe d'abord par une mise aux normes des habitations humaines car les insectes se cachent durant la journée dans les crevasses, les craquelures et les interstices des murs. Certaines populations de réduves se sont adaptées aux maisons bien conçues, ce qui rend la lutte encore plus difficile.

L'application d'insecticides sur les murs permet de protéger les humains pendant des durées variables en fonction de l'insecticide et surtout en fonction de l'état des constructions. Les moustiquaires autour des lits ne permettent que de protéger les êtres humains contre les piqûres et ne diminue pas la population de ces insectes dans les habitations.

RELATION HÔTE-PARASITE

C'est une relation de parasitisme qui se crée de manière plus ou moins durable entre le parasite et un autre animal qui va l'héberger, appelé alors hôte.

[1] Sterco : du latin *stercus*, excrément.

La relation hôte-parasite est singulière dans le monde animal, elle associe deux êtres vivants dont l'un ne tire (en général) aucun bénéfice de cette relation, bien au contraire, le parasite est toujours nuisible pour son hôte, c'est d'ailleurs la définition même d'un parasite.

La relation hôte-parasite a été qualifiée par Claude Combes[1] de « relation durable » ou « interaction durable » car c'est une relation entre un animal qui se nourrit sur ou dans un autre pendant une période plus ou moins longue. Cette relation peut être obligatoire (le parasite ne peut pas vivre sans passer par un stade parasitaire chez l'hôte), facultative (le parasite vit comme un être libre et devient occasionnellement parasite) ou opportuniste (le parasite n'infeste son hôte que si des conditions particulières le lui permettent comme l'immunodépression de l'hôte).

La relation hôte-parasite est régie par un équilibre dynamique entre le parasite et le système immunitaire de l'hôte. Ce dernier a tendance à détruire le parasite et à l'éliminer. Par contre, le parasite n'a pas intérêt à détruire l'hôte car il risque alors d'être lui-même éliminé. Quelques parasites font exception, il s'agit par exemple de la larve d'un ténia (*Taenia multiceps*) dont l'adulte vit dans les intestins du chien alors que la larve doit se localiser dans un organe vital pour passer à l'hôte suivant, cet organe est l'encéphale du mouton.

Si la relation penche en faveur du parasite, l'hôte développe une maladie (une parasitose), si elle penche trop, c'est alors la mort de l'hôte. À l'autre extrême, si la relation penche en faveur de l'hôte, le parasite en souffre, il présente (lui aussi, comme tout être vivant) des lésions et des troubles qui s'expriment par une diminution de ses capacités de reproduction. En effet, la reproduction est une fonction de luxe qui est bloquée dès l'apparition de troubles

[1] Claude Combes. 1995. *Interactions durables, écologie et évolution du parasitisme*, Éd. Masson, 524 pp.

de la santé et elle est généralement la dernière à se rétablir si le sujet se rétablit, cette règle que j'ai tirée de mes observations dans le monde animal s'applique aussi aux parasites qui accordent alors la priorité aux parents.

Si la relation penche trop en faveur de l'hôte, le parasite meurt alors. De ce fait et au cours de la très longue coévolution entre l'hôte et le parasite, les parasites trop virulents sont éliminés car ils tuent leurs hôtes et meurent avec eux. De l'autre côté, les hôtes trop sensibles sont éliminés par les parasites. Le parasite a tendance à diminuer de virulence pour être toléré par l'hôte, il adopte alors plusieurs stratégies pour déjouer le système immunitaire : il s'enkyste (cas de plusieurs parasites comme les toxoplasmes), il change d'antigènes de surface pour échapper au système immunitaire (cas des trypanosomes), il emprunte des antigènes de son hôte (cas des *Babesia*)... mais aussi, il peut quitter l'hôte pour « le laisser tranquille pendant un temps » comme c'est le cas de plusieurs ectoparasites hématophages (moustiques, culicoïdes…) qui pompent le sang dont ils ont besoin pour développer leurs œufs et quittent aussitôt l'hôte.

La tendance évolutive de la relation hôte-parasite va vers la saprobiose durant laquelle, les deux êtres vivent ensemble sans pour autant que l'un soit nuisible pour l'autre et cela finit par évoluer dans certains cas vers la symbiose.

RÉSERVOIR

La notion de réservoir est très difficile à cerner, de ce fait, plusieurs définitions ont été proposées. La plus inclusive est celle avancée par Haydon et ses collègues[1] : « Un réservoir est constitué d'une ou de plusieurs populations ou environnements connectés dans lesquels l'agent pathogène peut être maintenu de manière permanente et à partir desquels une infection est transmise à une population cible. Dans un réservoir, la population peut appartenir à la même espèce ou non, elle peut inclure des vecteurs ».

Généralement, les réservoirs s'infectent et entretiennent l'infection sans pour autant développer de tableaux cliniques, du moins ceux qui sont graves.

Les réservoirs jouent un rôle épidémiologique très important dans la persistance de l'infection au sein d'un environnement donné. Le meilleur exemple permettant d'illustrer ce concept est le virus de la rage. En Europe, le réservoir de ce virus est représenté par le renard roux (c'est la rage vulpine). Ce dernier peut accidentellement infecter d'autres espèces animales qui sont alors des hôtes accidentels. Par contre, en Afrique, le réservoir du virus rabique est représenté par les chiens (c'est la rage canine ou rage des rues).

---

[1] Haydon DT, Cleaveland S, Taylor LH, Laurenson MK. 2002. Identifying reservoirs of infection: a conceptual and practical challenge. *Emerging and Infectious Diseases*. 8 (12): 1468-73. Doi: 10.3201/eid0812.010317.

La fièvre du Nil Occidental est une virose qui se transmet par les moustiques et a comme réservoir les oiseaux sauvages. Lorsque l'infection est introduite dans une région par des oiseaux migrateurs, l'épidémie de la fièvre du Nil Occidental prend alors une allure saisonnière. L'augmentation de l'incidence de cas cliniques coïncide avec l'arrivée des oiseaux migrateurs et l'activité des moustiques vecteurs. Les oiseaux entretiennent l'infection et la transmettent à l'être humain et aux autres animaux.

RÉSISTANCE AUX INSECTICIDES

Suite à l'utilisation intensive et non raisonnée des insecticides pendant plusieurs années, la majorité des insectes ont développé une résistance génétique vis-à-vis de ces molécules. Cette résistance donne un avantage évolutif aux insectes résistants par rapport aux insectes non résistants, qui sont appelés sauvages.

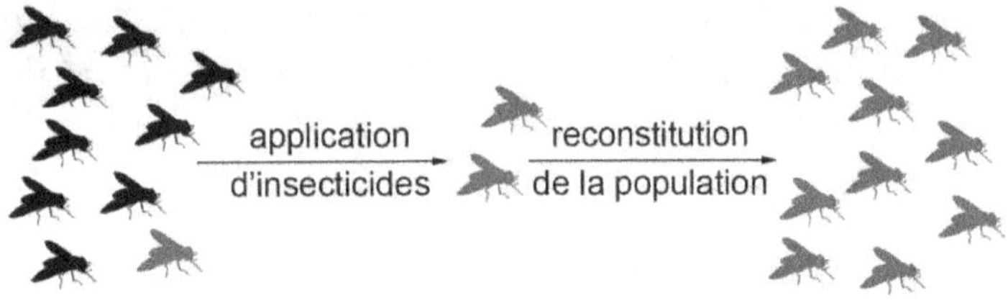

Développement de populations résistantes d'insectes (insectes colorés en gris) après une application mal faite d'insecticides sur une population sensible (insectes colorés en noir).

La diffusion des gènes de résistance à un insecticide peut représenter une contrainte majeure dans la lutte contre les insectes, notamment si elle joue un rôle vecteur d'agents pathogènes ou si elle cause de grandes nuisances comme c'est le cas des moustiques.

La résistance génétique des insectes ayant une importance médico-vétérinaire doit être surveillée périodiquement et de manière pérenne sur le terrain et au laboratoire. Une fois déclarée dans une population d'insectes, des mesures doivent être prises surtout pour arrêter l'utilisation du ou des insecticide(s) en question dans la région (ou le pays) comme par exemple son retrait du marché ou au moins la suppression de cette indication dans l'autorisation de mise sur le marché ou l'homologation[1].

---

[1] L'autorisation de mise sur le marché (AMM) est une autorisation octroyée par les autorités sanitaires d'un pays à une présentation particulière d'un médicament humain ou vétérinaire. Par contre, l'homologation est une autorisation octroyée aux substances chimiques utilisées en agriculture ou à usage domestique.

Une surveillance doit être alors entreprise pour suivre l'évolution de cette résistance chez la population d'insectes en question.

Des programmes d'éducation sanitaire selon une vision *Une seule santé* doivent être mis en place pour sensibiliser les citoyens et les professionnels (médecins, vétérinaires, corps paramédical, éleveurs et agriculteurs) et les citoyens d'une manière générale quant aux risques encourus pour les humains (manipulateurs et consommateurs), les animaux (ceux traités mais aussi la faune non cible qui englobe les animaux sauvages et la microfaune) et l'environnement.

Tous les utilisateurs de ces insecticides doivent être également sensibilisés aux effets néfastes du développement de populations d'insectes résistants. De plus, ils doivent être sensibilisés à l'importance d'une utilisation raisonnée des insecticides en usage domestique (application intra-domiciliaire), en agriculture biologique et en élevage.

Le vocable raisonné implique plusieurs aspects :

(i) N'utiliser les insecticides qu'en cas de nécessité.

(ii) Utiliser juste la quantité nécessaire d'insecticides.

(iii) Utiliser les insecticides aux concentrations ou posologies correctes.

(iv) Utiliser les insecticides pendant la durée et à fréquence adéquates.

(v) Éviter autant que faire se peut l'utilisation de solutions concentrées émulsifiables d'insecticides et de spray car ils ont un grand impact négatif sur la faune non cible.

(vi) Associer plusieurs moyens de lutte dans une optique de lutte raisonnée.

ROTHSCHILD

Nathaniel Charles (1877 – 1923) était banquier, il a décrit 500 nouvelles espèces de puces dont la puce du rat *Xenopsylla cheopis* en 1901. Cette espèce fut découverte en Égypte et nommée *cheopis* en hommage aux pyramides de Chéops.

Il a pu constituer une collection de 260 000 puces encore conservées au Muséum d'histoire naturelle de Londres.

Miriam sa fille (1908 – 2005), nommée, la reine des abeilles, était également entomologiste sans cursus universitaire comme l'a souligné l'excellente nécrologie publiée dans *The Gardian* « *Miriam a fleuri en dehors des universités* ». Elle était une grande naturaliste et a abordé une multitude de sujets, en particulier le saut des puces ainsi que la synchronisation du cycle de vie de la puce chez les lapines gestantes.

Elle a publié plus de 300 articles scientifiques dont plusieurs dans des revues prestigieuses comme *Nature*.

La passion de cette famille pour l'entomologie est une belle démonstration de la grande importance de la Science citoyenne, bien avant que ce concept ne soit créé.

SALIVAIRE (TRYPANOSOME-)

Les trypanosomes salivaires sont appelés aussi salivaria. Ces trypanosomes sont inoculés par les glossines avec la salive à l'occasion du repas sanguin.

Ils s'opposent aux trypanosomes stercoraires qui se transmettent via les fèces des vecteurs (réduves, hippobosques…).

Les trypanosomes salivaires englobent toutes les espèces agents des trypanosomoses africaines. Il existe trois types de trypanosomes salivaires :

(i) Les proboscidiens purs, les trypanosomes ne se développent que dans les pièces buccales. La période d'incubation extrinsèque[1] est de ce fait relativement courte (6 à 10 jours).

(ii) Les proboscidiens secondaires : les trypanosomes se développent dans les pièces buccales puis l'intestin moyen. La durée d'incubation extrinsèque est un peu plus longue (20 à 25 jours).

(iii) Les salivaires : les trypanosomes se développent dans les pièces buccales puis passent dans les intestins et enfin dans les glandes salivaires. La

[1] L'incubation extrinsèque est la durée nécessaire pour qu'un vecteur biologique infecté par un agent pathogène devienne infectieux.

durée d'incubation extrinsèque est de ce fait très longue (supérieure à 25 jours).

SIMULIES

Elles sont appelées ainsi car elles ressemblent à s'y méprendre aux moustiques alors qu'elles appartiennent à une famille d'insectes totalement différente (Simuliidae).

Les simulies sont des insectes du genre *Simulium* qui compte environ 1 825 espèces avec une distribution géographique très variable.

Les larves et les nymphes des simulies sont aquatiques, elles vivent dans les rivières à eau propre avec une courantologie qui leur apporte des nutriments. Les adultes ont tendance à voler sur les rives des rivières à contre-sens du courant.

Les simulies sont hématophages chez les deux sexes. Elles volent et attaquent leurs hôtes par groupe formant parfois un nuage noir dans le ciel. La piqûre des simulies est très douloureuse, certains bovins massivement attaqués meurent suite à un choc anaphylactique. Chez l'être humain, les piqûres par plusieurs simulies provoquent des céphalées, une fièvre, des nausées, une adénite (inflammation des nœuds lymphatiques), une dermatite généralisée (inflammation généralisée de la peau) et une crise d'asthme.

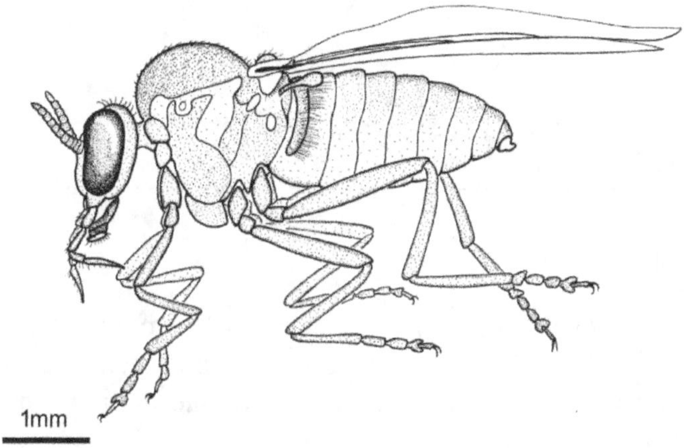

Simulium *(Wikimédia Commons)*.

En plus de ce rôle pathogène direct, les simulies sont des vecteurs biologiques de nématodes[1] parasites qui provoquent des maladies très importantes en médecines humaine et vétérinaire principalement dans les régions tropicales. Les simulies transmettent à l'être humain *Onchocerca volvulus* (agent d'une onchocercose humaine appelée la cécité des rivières) et aux animaux, notamment les bovins, plusieurs espèces d'onchocerces. Comme les larves des moustiques, celles des simules sont sensibles à *Bacillus thuringiensis* qui peut être utilisée dans le cadre d'une lutte biologique contre les simulies.

[1] Nématodes : vers ronds dont plusieurs espèces sont des parasites de l'être humain, des animaux et des végétaux.

SOLÉNOPHAGIE

Les insectes solénophages pompent le sang directement à partir d'un vaisseau sanguin qu'ils ponctionnent. Ce mode de nutrition nécessite une trompe longue et fine comme celle des moustiques par exemple.

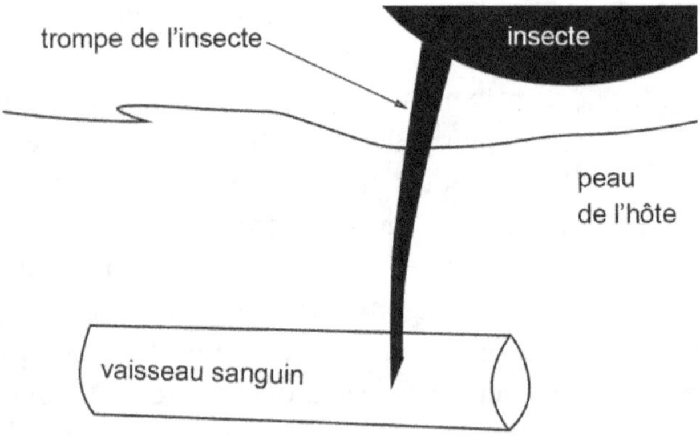

Insecte absorbant le sang par solénophagie.
Notez que l'insecte pompe directement le sang avec sa longue trompe à partir d'un vaisseau sanguin.

Du fait du faible diamètre de leurs pièces buccales et des différentes substances chimiques injectées avec la salive et qui ont pour rôle de diminuer les réactions de l'hôte (substances ayant une activité anti-inflammatoire et analgésique), le moustique arrive à finir son repas sanguin sans que l'hôte ne s'en aperçoive. Les poux hématophages (appelés anoploures) sont également solénophages mais ils effectuent plusieurs petits repas sanguins.

La solénophagie s'oppose à la telmophagie, durant laquelle certains acariens (tiques) et certains insectes (taons, phlébotomes…) se nourrissent à partir d'une mare qu'ils créent sous la peau, contenant du sang, de la lymphe et des débris cellulaires.

STERCORAIRE (TRYPANOSOMES-)

Les stercoraires[1] sont appelés également stercoraria. Ce sont des espèces de trypanosomes qui se transmettent par le biais des fèces des insectes vecteurs. Ainsi, la transmission de l'infection se fait suite à l'entrée des protozoaires via les lésions cutanées provoquées par le grattage de l'hôte et non par le biais de la salive injectée lors du repas sanguin (cas des trypanosomes salivaires).

Plusieurs espèces de trypanosomes sont des stercoraires, c'est le cas de *Trypanosoma cruzi* (agent étiologique de la maladie de Chagas) qui est transmis par les réduves. L'être humain se contamine pendant le sommeil, il se fait piquer par un réduve au niveau des parties non couvertes de son corps (généralement le visage, les réduves sont de ce fait appelés en anglais « *kissing bugs* »). Alors qu'il n'a pas encore quitté son hôte, ce dernier concentre le sang qu'il a absorbé en éliminant l'excès d'eau avec les fèces. Une fois

[1] Sterco : du latin *stercus*, excrément.

le repas sanguin terminé, le réduve quitte son hôte. L'effet analgésique de sa salive étant alors terminé, le lieu de la piqûre devient prurigineux poussant ainsi l'hôte à se gratter. Ce faisant, ce dernier s'auto-inflige des lésions cutanées qui permettent aux trypanosomes de passer chez l'hôte.

Il existe d'autres espèces d'insectes vecteurs de trypanosomes stercoraires non pathogènes. C'est le cas de *Trypanosoma theileri*, qui est transmis aux bovins par les hippobosques, *Trypanosoma lewisi* qui est transmis aux rats par les puces (c'est un trypanosome qui serait non pathogène pour le rat mais zoonotique, des cas cliniques ont été documentés chez l'être humain) et *Trypanosoma melophagium* qui est transmis aux petits ruminants par les mélophages (*Melophagus ovinus*).

STIGMATE

Ce sont des ouvertures localisées au niveau des exosquelettes des insectes. Les stigmates sont protégés par des soies et des valves. Ils débouchent sur les trachées et permettent ainsi la respiration des insectes.

L'air peut circuler par simple diffusion chez les insectes mais les espèces d'insectes de grande taille ou très actives contractent leurs abdomens pour permettre à l'air d'entrer et de sortir activement.

Pour se protéger, les insectes ferment leurs stigmates afin de réduire l'absorption des substances toxiques comme les insecticides. L'alcool benzylique bloque les valves des stigmates qui restent béantes. Il est de ce fait appliqué chez l'être humain à la concentration de 5% pour lutter contre les poux chez les personnes âgées de plus de 6 mois.

Les plaques stigmatiques des larves de diptères sont situées dans la partie postérieure de leurs corps, elles ont une morphologie qui varie en fonction du genre, voire de l'espèce. La morphologie de ces plaques est de ce fait utilisée pour la diagnose du genre et dans certains cas, de l'espèce.

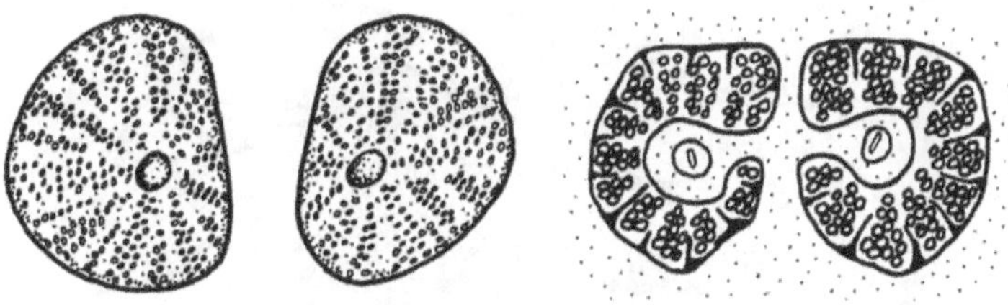

Plaques stigmatiques de larves d'insectes (Wikimédia Commons).
À gauche : Oestrus ovis *(notez la forme des plaques en D et la présence d'un bouton central).*
À droite : Hypoderma sp. *(notez la présence d'un hile).*

STOMOXE

Ce sont des insectes de type mouches appartenant au genre *Stomoxys*, ils ressemblent à s'y méprendre aux mouches domestiques (*Musca domestica*) mais contrairement à celles-ci, leurs trompes ont une position horizontale avec des motifs non linéaires sur la face dorsale de leurs thorax. Ces deux éléments morphologiques permettent de les distinguer des mouches domestiques.

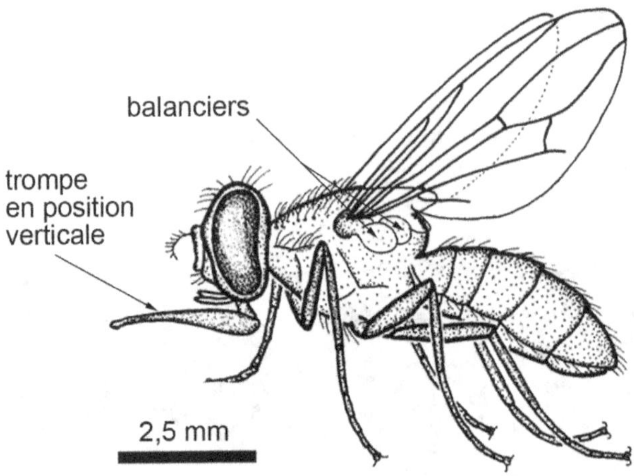

Stomoxys *(Wikimédia Commons).*
Notez la position de la trompe qui est horizontale, ce qui permet de différencier macroscopiquement les stomoxes des mouches domestiques à trompe verticale.

Ces insectes sont retrouvés surtout dans les locaux d'élevage. Les adultes sont hématophages pour les deux sexes, la femelle pond ses œufs, qui donnent des larves coprophages vivant dans le fumier.

Les stomoxes sont à l'origine de grandes nuisances pour les animaux car leurs piqûres sont douloureuses.

Lorsque la population de stomoxes est grande dans un élevage, on peut observer chez les animaux une anémie et une diminution de la production laitière des vaches. De plus, les stomoxes sont des vecteurs de virus (virus de l'anémie infectieuse équine, virus de la peste porcine africaine, virus de la fièvre du Nil Occidental, virus de la fièvre de la Vallée du Rift…), de bactéries (*Anaplasma* agent des anaplasmoses et *Coxiella burnetii* agent de la fièvre Q) et de protozoaires (*Besnoitia*, agent de la besnoitiose et *Trypanosoma evansi* agent du surra). Ce sont des hôtes intermédiaires du nématode agent de l'habronémose équine (*Habronema microstoma*).

La lutte nécessite d'abord l'observation des règles d'hygiène, notamment le nettoyage des locaux d'élevage et un compostage correct du fumier. Si la population de stomoxes augmente ou si on redoute la transmission de maladies, il est possible d'utiliser des insecticides dont il existe une variété imprégnée de phéromones qui n'attirent que les stomoxes et préservent de ce fait les insectes non ciblés par la lutte.

SURVEILLANCE ENTOMOLOGIQUE

La surveillance entomologique est une activité qui associe l'entomologie et l'épidémio-surveillance. Il s'agit d'appliquer des mesures de surveillance ciblant certaines espèces d'insectes ou groupes d'insectes. La surveillance entomologique a plusieurs objectifs :

(i) Maintenir un niveau acceptable de la densité d'une espèce d'insectes. On se pose dans ce cas un seuil d'alerte à partir duquel une action de lutte est initiée. Ce type de surveillance est appliqué par exemple pour le suivi de la population d'anophèles dans une région (ou un pays) dans laquelle le paludisme a été éradiqué. On parle alors d'un suivi de l'anophélisme.

(ii) Surveiller la présence ou l'introduction d'un agent pathogène vectorisé par un insecte. Il s'agit par exemple de surveiller la présence de *Plasmodium* chez les anophèles dans une région ou un pays indemne du paludisme. C'est également le cas de la recherche du virus de la fièvre du Nil Occidental chez les moustiques dans un écosystème accueillant les oiseaux migrateurs.

(iii) Surveiller l'introduction d'une espèce d'insecte dans une région ou un pays. En Europe, cette surveillance a récemment porté sur l'introduction du moustique tigre (*Aedes albopictus*).

La surveillance entomologique peut être continue, c'est-à-dire qu'elle a lieu toute l'année, ou ponctuelle. Par exemple, durant l'arrivée des oiseaux migrateurs dans une région ou un pays pour la cherche d'un virus particulier.

La surveillance entomologique peut être réalisée par les autorités sanitaires, des équipes de recherche ou des citoyens. Par exemple, ces derniers peuvent être invités, dans le cadre du volontariat, à déposer des pièges pour collecter les œufs des moustiques dans leurs jardins, ces pièges sont périodiquement remis aux autorités sanitaires. Cette approche est de plus en plus adoptée dans divers domaines scientifiques (botanique, zoologie, santé publique, médecine vétérinaire…), il s'agit de la science participative ou science citoyenne. Dans cette action, les équipes scientifiques installent des applications dans les téléphones des participants afin de faciliter leur mission. La science participative a été adoptée pour la surveillance de l'introduction du moustique tigre en Europe, la surveillance des tiques dans plusieurs régions du monde, les études ornithologiques pour réaliser des inventaires exhaustifs de l'avifaune ou l'étude et le suivi d'une espèce animale particulière...

SYNÉCOLOGIE

La synécologie est l'étude de la formation et le maintien des associations des espèces végétales et animales[1]. Cet aspect peut être abordé pour étudier les associations des insectes et d'autres espèces animales. Il est très important par exemple d'étudier les relations trophiques entre les insectes nocturnes, notamment les moustiques et les chauves-souris. En effet, comme ces dernières se nourrissent des moustiques, le déséquilibre d'une des populations induit celui de l'autre. Les moustiques sont des vecteurs de plusieurs agents zoonotiques comme le virus de la fièvre du Nil Occidental, *Plasmodium* (protozoaire agent du paludisme), plusieurs filaires… Les chauves-souris sont des réservoirs de plusieurs virus comme celui de la rage, le virus Nipah, le virus Marburg… En effet, bien qu'ils soient des mammifères, les chauves-souris ont une physiologie qui leur permet de tolérer les infections par ces virus et de les transmettre à l'être humain. Plusieurs épisodes épidémiques seraient en partie provoqués par des changements dans les populations de chauves-souris.

[1] Rodhain F. 2015. *Le Parasite, le moustique, l'homme… et les autres. Essai sur l'éco-épidémiologie des maladies à vecteur*. Éd. Docis. 443 pages.

SYSTÈME VECTORIEL

Les infections à transmission vectorielle, appelées aussi infections vectorisées font intervenir trois êtres vivants ou « acteurs » : le vecteur, l'agent pathogène et l'hôte. Dans la majorité des cas, cette relation tripartite est composée de trois êtres vivants très éloignés sur le plan évolutif, nous retrouvons ainsi :

(i) Le vecteur qui est dans la majorité des cas un arthropode, c'est-à-dire un acarien ou un insecte. Ils possèdent tous les deux une biologie très particulière avec des métamorphoses, une dynamique d'activité intimement liée aux conditions abiotiques, ils sont présents généralement en très grands nombres et ont un système immunitaire très peu évolué.

(ii) Un agent pathogène représenté par un virus, une bactérie, un champignon, un protozoaire ou un nématode. Comme nous le voyons, ces agents pathogènes sont déjà très éloignés sur le plan taxonomique.

(iii) Un hôte : représenté par divers vertébrés. Nous pourrions dire que tous les vertébrés sont concernés par les infections vectorisées. Il peut s'agir d'un reptile, d'un batracien, d'un oiseau ou d'un mammifère.

Cette association tripartite est très complexe car en plus de la variabilité intrinsèque de chacun de ces êtres vivants, il y a également des facteurs extrinsèques très divers tels que les facteurs abiotiques (facteurs climatiques, édaphiques…), le facteur humain qui est très important et parfois même déterminant (gestion de la santé des animaux, gestion zootechnique des élevages, application de programmes de lutte contre les vecteurs et contre les agents pathogènes, son action sur les écosystèmes…), le biotope... Les facteurs intrinsèques quant à eux sont très nombreux et ne peuvent être abordés que de manière générale. Ces facteurs peuvent avoir des déterminismes génétiques (espèce, race, résistance génétique, immunité, dynamique d'activité, éthologie…) mais aussi démographiques (biomasse, densité de chaque être vivant…).

De plus, il a été remarqué que des bactéries endosymbiontes[1] présentes chez les arthropodes interagissent très intensément avec les trois « acteurs » du système vectoriel de manière totalement différente.

En conclusion, il n'y a pas un seul système vectoriel mais plusieurs. Chaque système évolue de manière très dynamique et compliquée dans le temps et dans l'espace. Ces systèmes doivent être étudiés et caractérisés au cas par cas d'abord pour pouvoir prétendre les comprendre et donc lutter de manière efficace contre le problème de santé causé par l'agent pathogène vectorisé.

[1] Les endosymbiontes sont des êtres qui vivent en symbiose dans d'autres êtres vivants. Certains endosymbiontes ont même une localisation intracellulaire. Il existe plusieurs espèces de bactéries endosymbiontes d'insectes. Ces endosymbiontes peuvent être obligatoires (ce sont les endosymbiontes primaires) ou non (ce sont les endosymbiontes secondaires).

TAON

C'est un groupe d'insectes cosmopolites diurnes exophiles[1], composé d'environ 3 500 espèces. Les taons sont de type mouches mais de grande taille, certaines espèces mesurent jusqu'à 3 cm. Seules les femelles sont hématophages par telmophagie.

Les piqûres de ces femelles sont très douloureuses pour l'hôte à cause de la grande taille de leurs pièces buccales. De ce fait, elles sont rapidement chassées lorsqu'elles effectuent un repas sanguin sur un hôte.

Quand ils n'ont pas fini leurs repas sanguins, les taons sont obligés de passer sur un autre hôte. Ces passages rapides et multiples d'un hôte à un autre font que les taons portent dans leurs pièces buccales une goutte de sang contenant des agents pathogènes vivants qu'ils inoculent à l'hôte suivant comme par une seringue. Il s'agit d'un rôle vecteur mécanique qui est particulièrement important chez ce groupe d'insectes, surtout que la quantité de sang résiduelle sur les pièces buccales est grande. Les taons dilacèrent les tissus de l'hôte et laissent une goutte de sang sur sa peau, ce qui ne manque pas d'attirer d'autres insectes.

Les taons sont des vecteurs mécaniques de plusieurs agents pathogènes comme le virus de l'anémie infectieuse équine, les agents de plusieurs anaplasmoses, l'agent de la pasteurellose, l'agent de la tularémie, le bacille du charbon

---

[1] Exophile : espèce d'arthropode vivant à l'extérieur des habitations et des locaux d'élevage.

bactéridien, *Trypanosoma evansi* (agent du surra) et plusieurs filaires.

Les taons peuvent accidentellement piquer l'être humain, certaines personnes sont allergiques à cette piqûre.

La lutte contre ces insectes est très difficile car les gîtes larvaires sont très variés et le cycle de ces insectes est long. La seule alternative est la protection des animaux mécaniquement ou par le biais des insecticides.

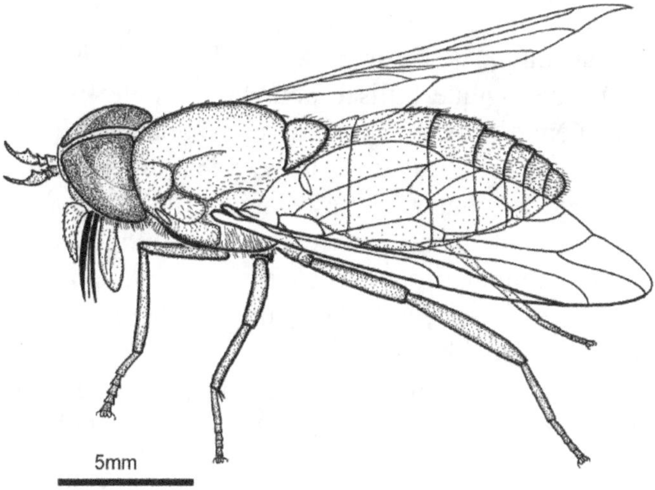

Tabanus *(Wikimédia Commons).*
Notez la grande taille des yeux et les très longues pièces buccales.

TECHNIQUE DE L'INSECTE STÉRILE

La technique de l'insecte stérile (TIS) est une technique de lutte biologique utilisée pour lutter contre une espèce particulière d'insectes dans une région donnée.

La TIS est surtout utilisée pour lutter contre les ravageurs de plantes. Cette technique fut développée par deux entomologistes américains Raymond Bushland et Edward Knipling durant les années 1950 et appliquée avec succès pour lutter contre la lucilie bouchère *Cochliomyia hominivorax* aux États-Unis.

Les insectes sont élevés en grand nombre dans des laboratoires selon des techniques qui permettent de n'élever que les mâles. Ces derniers sont par la suite irradiés avec des rayonnements gamma ou X qui les stérilisent sans affecter leur compétitivité sexuelle ni les tuer. Le lâcher se fait en une seule fois pendant la période de reproduction des insectes. Ainsi, la probabilité d'accouplement entre mâles stériles et femelles est de loin supérieure à celle entre mâles sauvages et femelles. Cette technique est de moins en moins utilisée du fait de son coût très élevé.

Des essais sont en cours pour l'utilisation d'insectes génétiquement modifiés. En collaboration avec l'Organisation des Nations Unies pour l'Agriculture et l'Alimentation (FAO), l'Agence Internationale de l'Énergie Atomique (AIEA) est chargée de promouvoir l'utilisation de cette technique dans les États membres.

L'utilisation de cette technique à large échelle peut être critiquée car l'éradication des insectes ciblés doit avoir un effet négatif sur les écosystèmes sauvages.

TELMOPHAGIE[1]

C'est un mode de nutrition des tiques et de certains insectes hématophages (qui se nourrissent du sang) ne pouvant pas accéder directement aux vaisseaux sanguins pour deux raisons :

(i) Ils ont une courte trompe (cas des culicoïdes, des phlébotomes et des simulies).

(ii) Ils ont une trompe très épaisse, ils ne peuvent pas ponctionner directement les vaisseaux. De plus, comme leurs pièces buccales sont épaisses, leurs piqûres sont douloureuses et doivent donc effectuer le repas sanguin assez rapidement car l'hôte réagit et les chasse (c'est le cas des taons notamment) avant la fin de leur repas sanguin. Ces insectes passent alors sur un autre hôte tout en transportant dans leurs pièces buccales des microorganismes qu'ils inoculent au second hôte jouant ainsi le rôle de vecteurs mécaniques (cas des trypanosomes *Trypanosoma evansi*, cas des anaplasmes…).

Les insectes telmophages délacèrent les tissus de l'hôte et pompent le sang à partir d'une petite mare qui se forme, elle contient du sang de la lymphe et des débris cellulaires.

---

[1] Telmophagie : du grec, *telma,* lac et *phagein,* manger.

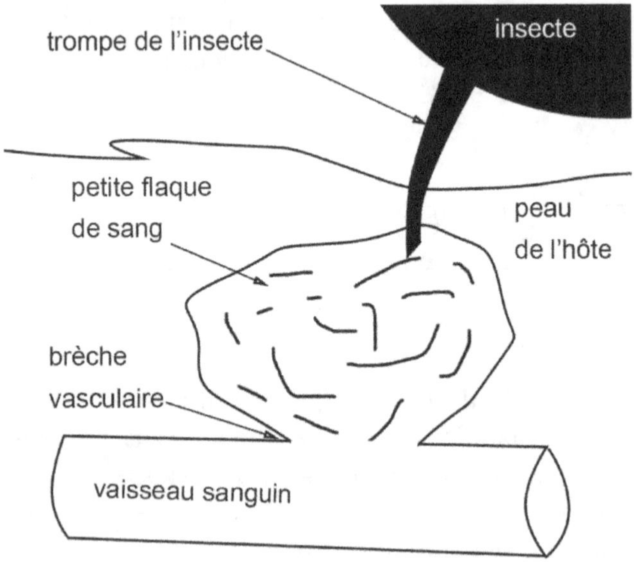

Insecte prenant un repas sanguin par telmophagie. Notez que l'insecte crée une brèche vasculaire induisant la formation d'une petite flaque de sang à partir de laquelle l'insecte pompe le sang.

La durée de la telmophagie est courte chez les insectes, par contre, les tiques[1] se fixent pendant plusieurs jours. Ce mode de nutrition s'oppose à la solénophagie durant laquelle l'insecte pompe le sang directement à partir d'un vaisseau sanguin qu'il ponctionne.

---

[1] Les tiques sont des acariens et non des insectes. Elles possèdent au stade adulte quatre paires de pattes.

TÉNÉBRION

Les ténébrions sont des scarabées (c'est le second plus grand ordre d'insectes après les diptères) appartenant à la famille des ténébrionidés. Cette dernière constitue la plus grande famille connue dans le monde animal, elle compte environ 15 000 espèces. Les ténébrions sont de petits insectes cosmopolites de 14 à 18 mm de taille. Ils vivent dans les denrées alimentaires d'origine végétale, notamment les céréales. Ils ont cependant un régime alimentaire omnivore.

Les ténébrions possèdent des ailes qu'ils utilisent très rarement, notamment pour quitter un endroit pauvre en nourriture.

La femelle pond des œufs donnant après éclosion un nombre variable de stades larvaires puis une nymphe. Cette dernière se métamorphose en imagos mâles et femelles.

Les ténébrions peuvent être élevés comme appâts pour la pêche et comme nourriture pour les nouveaux animaux de compagnie insectivores. Néanmoins, l'ingestion d'une grande quantité de ces insectes par la volaille impacte négativement sa croissance.

Les ténébrions sont d'importants nuisibles dans les locaux de stockage de différentes céréales, qu'ils soient industriels ou domestiques. Ils sont également à l'origine d'une grande nuisance en élevage avicole où ils pullulent surtout dans les litières. Les larves creusent les matériaux d'isolation et les abîment (polystyrène expansé, laine de verre, mousse de polyuréthane…).

Ténébrion (Tenebrio molitor) *(Wikimedia Commons).*

Les antigènes de certaines espèces de ces coléoptères sont à l'origine d'allergies cutanées et respiratoires chez certaines personnes. Les larves des ténébrions peuvent infester le tissu sous-cutané des animaux, notamment ceux des oiseaux. On parle de canthariase et non de myiase (qui est l'infestation par les larves de diptères). Cette canthariase est un phénomène rare mais dont la fréquence nous semble sous-estimée. Les ténébrions peuvent transmettre des virus et des bactéries aux volailles toutefois, ce rôle est généralement accessoire. Par contre, ce sont des hôtes intermédiaires de ténias des volailles (*Raillietina, Choanotaenia*) et de l'être humain (*Hymenolepis*).

La lutte contre ces coléoptères dans les élevages avicoles passe d'abord par un strict respect des règles d'hygiène de base : nettoyage des sols, changement de la litière, collecte rapide des cadavres d'oiseaux, collecte des aliments non utilisés et moisis... Dans certains cas, l'application d'insecticides autorisés dans les bâtiments d'élevage est recommandée.

TRANSMISSION TRANSOVARIENNE

C'est la transmission d'un agent pathogène de la femelle d'insecte aux œufs et donc à la génération suivante d'insectes. La transmission transovarienne est l'une des voies de transmission verticale des agents pathogènes (c'est-à-dire que l'agent pathogène passe d'une génération à une autre). La deuxième voie est la transmission transstadiale. Dans ce cas, l'agent pathogène passe d'un stade d'insecte au suivant.

Dans plusieurs systèmes vectoriels, si l'intensité d'infection (densité des agents pathogènes chez le sujet) est élevée, l'insecte lui-même peut en mourir. Au contraire, si l'intensité d'infection est très faible, on remarque un effet de dilution et la transmission transovarienne n'a pas lieu. Donc, ce sont les femelles d'insectes moyennement infectées qui assurent la transmission transovarienne. Cette voie de transmission concerne surtout les virus, sa confirmation a été facilitée par les outils de biologie moléculaire (notamment la réaction de polymérisation en chaîne ou PCR qui consiste à chercher le matériel génétique du virus dans les œufs). Ainsi, la femelle d'insecte devient non seulement le vecteur de l'agent pathogène mais aussi son réservoir car elle permet le maintien du virus, voire son amplification, même en absence d'hôte.

Cette voie de transmission a été confirmée chez plusieurs espèces d'insectes vecteurs de virus végétaux et animaux. À titre d'exemple, *Aedes aegypti* transmet verticalement le virus Zika. Le virus de la stomatite vésiculeuse se transmet également par la voie transovarienne chez les phlébotomes du genre *Lutzomyia* (appelés phlébotomes du nouveau monde car ils ne sont présents qu'en Amérique).

TUBES DE MALPIGHI

C'est l'appareil excréteur de la grande majorité des espèces d'insectes. Il s'agit d'évaginations aveugles de la partie distale du tube digestif qui baignent dans l'hémolymphe. Les tubes de Malpighi ont plusieurs fonctions qui varient en fonction de l'espèce d'insecte et de son stade. La principale fonction de ces tubes est la régulation du milieu intérieur (c'est l'équivalent des reins des espèces supérieures), l'osmorégulation, la détoxification de l'organisme, ils produisent également du mucus chez les larves de certaines espèces d'insectes…

UNE SEULE SANTÉ

Plus connue sous le nom anglais *One health*. C'est un concept qui a été développé vers les années 2010 puis adopté par les différentes instances internationales (notamment l'alliance quadriptyque : l'Organisation Mondiale de la Santé, l'Organisation Mondiale de la Santé Animale, l'Organisation des Nations Unies pour l'Agriculture et l'Alimentation et le Programme des Nations Unies pour l'Environnement) ainsi que la communauté scientifique internationale.

Cette vision stipule qu'il n'y a pas trois santés indépendantes, celle de l'être humain, des animaux et de l'environnement mais elles sont toutes les trois intimement imbriquées.

Ce principe permet alors de considérer l'impact aussi bien des problèmes de santé que des actions de lutte touchant une des trois composantes sur les deux autres. Par exemple, si un insecticide est appliqué sur les animaux, il faut tenir compte de l'impact de cette action sur la santé de l'être humain et sur celle de l'environnement.

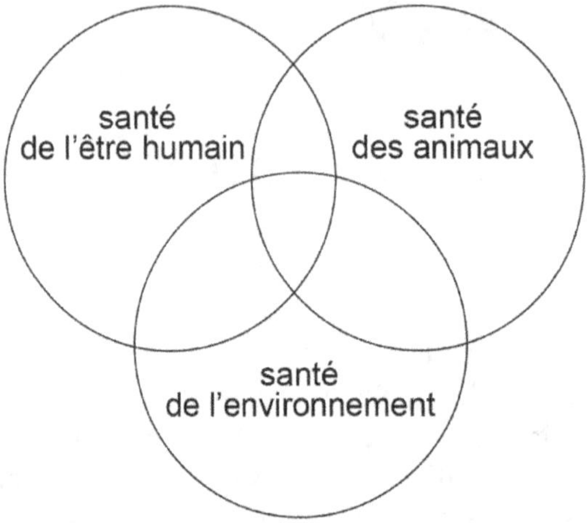

Concept Une seule santé.
Notez que ce concept est représenté par le diagramme de Venn pour montrer le chevauchement entre les trois santés.

Ce principe nécessite une étroite collaboration multidisciplinaire permanente. À l'échelle d'un pays, elle nécessite la mise en place de structures pérennes (comités, équipes de recherches, commissions…) constituées d'équipes multidisciplinaires.

VECTEUR

Il est malaisé de définir un vecteur. Certains auteurs distinguent les vecteurs animés (humains et divers animaux) et les vecteurs inanimés (roues de voitures, matériel d'élevage…).

Néanmoins, officiellement un vecteur est un arthropode hématophage qui assure le transport, le développement et l'inoculation des agents pathogènes. Ainsi, un arthropode vecteur peut être mécanique ou biologique. Dans le premier cas, le vecteur agit comme une seringue vivante, c'est-à-dire qu'il n'assure que l'inoculation de l'agent pathogène sans que ce dernier ne se développe chez le vecteur. Par contre, le vecteur biologique assure le développement de l'agent pathogène c'est-à-dire sa multiplication et/ou son évolution vers des stades ultérieurs.

Des centaines d'espèces d'insectes sont des vecteurs de maladies humaines et animales dont certaines sont très importantes, il s'agit par exemple des anophèles (vectrices de l'agent du paludisme), les moustiques d'une manière générale (vectrices de filarioses animales, du virus Zika, du chikungunya, du virus de la fièvre du Nil Occidental…), les simulies (vectrices de plusieurs onchocercoses humaines et animales, notamment la cécité des rivières), les glossines (vectrices des trypanosomiases africaines humaines et animales), les réduves (vecteurs de l'agent étiologique de la maladie de Chagas), plusieurs mouches hématophages (vectrices de plusieurs espèces d'anaplasmes), les puces (vectrices de la peste humaine)… La liste des espèces d'insectes vectrices est très longue tant et si bien qu'une nouvelle discipline est en train d'émerger, la vectorologie.

Comme les autres parasites, les vecteurs peuvent avoir maints comportements trophiques (relatifs à l'alimentation), certaines espèces se nourrissent à l'extérieur (elles sont appelées de ce fait exophages) alors que d'autres se nourrissent dans les habitations et les locaux d'élevage (elles sont appelées alors endophages), certaines espèces se nourrissent sur les humains (espèces anthropophiles), d'autres sur les animaux (espèces zoophiles) et d'autres enfin se nourrissent sur les oiseaux (espèces ornithophiles). La préférence trophique peut être stricte (espèces sténophage) alors que d'autres espèces n'ont pas de préférence trophiques (espèces euryphages). Certaines espèces ne vivent que dans des biotopes particuliers (elles sont dites sténotopes) alors que d'autres n'ont aucune préférence d'habitation (espèces eurytopes). Enfin, certaines espèces sont nocturnes alors que d'autres sont diurnes. Certaines espèces ont une génération par an (espèces univoltines), d'autres plusieurs générations (espèces multivoltines) ou au contraire une génération sur plusieurs années (espèces semi-voltines). Cette pluralité de comportements conditionne les circonstances de contamination de l'hôte, c'est-à-dire, la saison de transmission, l'espèce (ou les espèces) touchée(s), le moment de la journée pendant lequel le sujet sera contaminé…

La résultante de tous ces éléments et bien d'autres, conditionnent la typologie épidémiologique des infections vectorisées.

Plusieurs vecteurs (qui sont de ce fait, eux-mêmes des parasites) transmettent des parasites telles que les filaires, il s'agit donc de parasites hébergeant d'autres parasites, nous pourrions de ce fait, les qualifier de parasites en poupées russes.

VISION

La vision chez les insectes est très variable en fonction de leur degré d'évolution. Les insectes primitifs ne possèdent qu'une à trois ocelles. Ces yeux primitifs ne permettent que la perception de la variation de l'intensité de la lumière.

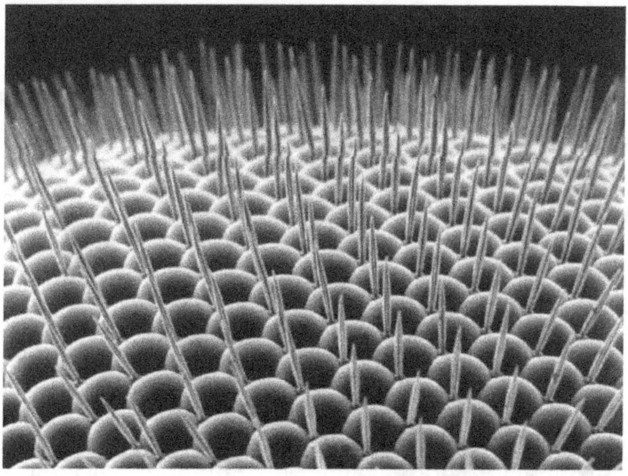

Œil composé d'une drosophile sous microscope électronique (Wikipédia).
Chaque structure unitaire constitue une ommatidie.

En plus des ocelles, les insectes évolués possèdent des yeux composés formés de structures unitaires microscopiques appelées ommatidies. Leur nombre par œil est très variable d'une espèce à l'autre, entre quelques unités et 30 000 ommatidies juxtaposées. Les ommatidies permettent aux insectes d'avoir un champ de vision très large dans un spectre de longueur d'ondes beaucoup plus large que celui des humains. Ils peuvent par exemple voir les ondes polarisées. Afin de retrouver les zones à butiner, les ouvrières des abeilles s'orientent par la position du soleil même si le ciel est couvert.

VOL[1]

Le vol des moustiques comporte trois phases :

(i) Le vol au hasard (*appetitive searching*). Durant cette phase, le vol se fait sans aucune orientation ni attractivité.

(ii) Vol orienté (*activation* et *orientation*) : le moustique femelle vole vers un hôte en suivant un gradient croissant du stimulus qui l'a attiré.

(iii) Vol attiré (*attraction*) : le moustique se rapproche de l'hôte, se pose (*landing*) puis commence son repas sanguin.

La capacité de vol des insectes volants est très variable d'un groupe à un autre. Ainsi, les phlébotomes sont de très mauvais voiliers, ils ne sortent pas d'ailleurs par temps venteux.

Cette diversité d'origine éthologique et physiologique dans le vol des insectes (nocturnes *versus* diurnes, par

---

[1] Carnevale, Pierre (dir.) ; Robert, Vincent (dir.). *Les Anophèles : Biologie, transmission du Plasmodium et lutte antivectorielle.* Marseille, IRD Éditions, 2009. Disponible sur internet : http://books.openedition.org/irdeditions/10374.

temps venteux *versus* par temps calme, par temps froid *versus* durant la belle saison) fait que chaque espèce d'insecte a un rôle écologique à jouer, la rendant presque irremplaçable.

À bien y réfléchir, prétendre que le développement de l'apiculture permettra de pallier le déclin alarmant des populations d'insectes est une consolation totalement erronée. En effet, les abeilles n'ont qu'une durée d'activité de pollinisation très limitée dans l'année (elles ne sont pas actives par temps froid) et durant la journée (elles ne sont actives que pendant une partie de la journée et très peu ou pas du tout lorsqu'il vente). Ainsi, la prévision attribuée à tort à Albert Einstein stipulant que *si l'abeille disparaissait de la surface du globe, l'humanité n'aurait plus que quelques années à vivre* est totalement apocryphe et fausse. Elle est d'ailleurs dangereuse car elle laisse sous-entendre que le déclin des insectes peut être compensé par le développement de l'apiculture. Ce qui est totalement inexact.

VOLTINISME

C'est le nombre de générations d'insectes par an qui varie en fonction des espèces mais aussi des conditions abiotiques, notamment la température. Ce caractère a un déterminisme génétique dictant le comportement des insectes. Une espèce est dite univoltine si elle a une seule génération par an, bivoltine si elle en a deux, polyvoltine si elle en a plusieurs et semi-voltine si son développement nécessite plus qu'un an. Il existe également des espèces dites à voltinisme partiel, il s'agit d'espèces comprenant des individus à cycles univoltines et d'autres multivoltines. Ce terme est également utilisé pour désigner des espèces ayant des chevauchements de générations (en anglais *generation overlap*). C'est-à-dire qu'à un moment donné et dans un endroit donné, deux générations appartenant à la même espèce peuvent cohabiter.

Le voltinisme est un caractère qui façonne profondément l'épidémiologie des infections vectorisées. Ainsi par exemple, une espèce bivoltine sera à l'origine de deux poussées épidémiques par an.

ZOONOSE PARASITAIRE

Une zoonose est une maladie qui se transmet de l'être humain aux animaux et vice-versa, on parle respectivement de zooanthroponose (de l'animal à l'être humain) et d'anthropozoonose (de l'être humain à l'animal). Il peut s'agir de maladies à prions, de viroses, de bactérioses, de mycoses et de parasitoses. Sur les 1 415 espèces d'agents infectieux pathogènes pour l'être humain (217 virus et prions, 538 bactéries et rickettsies, 307 champignons, 66 protozoaires et 287 helminthes), environ 868 (61%) sont des agents de zoonoses[1].

---

[1] Taylor Louise H, Latham Sophia M, Woolhouse Mark EJ. 2001. Risk factors for human disease emergence. *Philosophical Transactions of the Royal Society of London B.* 356983–989. Doi : http://doi.org/10.1098/rstb.2001.0888.

Il est important de mentionner que dans certains ouvrages le terme de zoonose est utilisé pour désigner les maladies animales et le terme anthroponose est utilisé pour les maladies humaines. Même si d'un point de vue étymologique, cette distinction est correcte, il est important de la proscrire car elle prête à confusion avec les définitions consensuelles.

Les insectes interviennent dans les zoonoses de deux manières.

(i) Les insectes eux-mêmes sont des agents de zoonoses, c'est le cas des œstres (*Oestrus ovis* qui donne une ophtalmomyiase[1] et une myiase buccale), des hypodermes (*Hypoderma*, agent de l'hypodermose bovine)...

(ii) Plusieurs espèces d'insectes sont également des vecteurs de zoonoses, c'est le cas des taons (vecteurs de *Trypanosoma evansi*, agent du surra), des puces (vectrices de la peste, d'un ténia, de bartonelles...), des glossines (vectrices des trypanosomiases africaines), des phlébotomes (vecteurs des leishmanioses), des moustiques (vecteurs du virus du Nil Occidental et de plusieurs autres virus), la liste est longue.

L'incidence des zoonoses vectorisées va augmentant et ce, de manière alarmante, dans toutes les régions du monde. Cette augmentation est due à plusieurs facteurs, il s'agit notamment de l'anthropisation des écosystèmes sauvages (notamment les forêts tropicales), la fragmentation des écosystèmes sauvages, le rapprochement entre l'être humain et les animaux domestiques (notamment les animaux de compagnie) et sauvages, l'intensification du commerce international (assez souvent intercontinental), le

[1] Ophtalmomyiase ou myiase oculaire : c'est une parasitose due à la présence de larves de diptères au niveau des différentes structures de l'œil.

réchauffement climatique... Ces deux derniers phénomènes ont provoqué une nette extension de l'aire de distribution géographique des arthropodes.

Du fait de l'implication des animaux et des humains dans les cycles épidémiologiques des zoonoses, la lutte contre ces dernières nécessite le recours à des programmes selon l'approche *Une seule santé* (*One Health*). Cette dernière requiert une étroite collaboration entre les professionnels de la santé publique, la santé animale et la santé de l'environnement. Les spécialistes de l'environnement doivent être constitués d'écologues et d'agronomes qu'on gagnerait à impliquer car la lutte contre les insectes affecte de manière très négative, pérenne et étendue, l'environnement et la faune non cible.

TABLE DES MATIÈRES

Structures éditoriales du groupe L'Harmattan

L'Harmattan Italie
Via degli Artisti, 15
10124 Torino
harmattan.italia@gmail.com

L'Harmattan Hongrie
Kossuth l. u. 14-16.
1053 Budapest
harmattan@harmattan.hu

L'Harmattan Sénégal
10 VDN en face Mermoz
BP 45034 Dakar-Fann
senharmattan@gmail.com

L'Harmattan Cameroun
TSINGA/FECAFOOT
BP 11486 Yaoundé
inkoukam@gmail.com

L'Harmattan Burkina Faso
Achille Somé – tengnule@hotmail.fr

L'Harmattan Guinée
Almamya, rue KA 028 OKB Agency
BP 3470 Conakry
harmattanguinee@yahoo.fr

L'Harmattan RDC
185, avenue Nyangwe
Commune de Lingwala – Kinshasa
matangilamusadila@yahoo.fr

L'Harmattan Congo
219, avenue Nelson Mandela
BP 2874 Brazzaville
harmattan.congo@yahoo.fr

L'Harmattan Mali
ACI 2000 - Immeuble Mgr Jean Marie Cisse
Bureau 10
BP 145 Bamako-Mali
mali@harmattan.fr

L'Harmattan Togo
Djidjole – Lomé
Maison Amela
face EPP BATOME
ddamela@aol.com

L'Harmattan Côte d'Ivoire
Résidence Karl – Cité des Arts
Abidjan-Cocody
03 BP 1588 Abidjan
espace_harmattan.ci@hotmail.fr

Nos librairies en France

Librairie internationale
16, rue des Écoles
75005 Paris
librairie.internationale@harmattan.fr
01 40 46 79 11
www.librairieharmattan.com

Librairie des savoirs
21, rue des Écoles
75005 Paris
librairie.sh@harmattan.fr
01 46 34 13 71
www.librairieharmattansh.com

Librairie Le Lucernaire
53, rue Notre-Dame-des-Champs
75006 Paris
librairie@lucernaire.fr
01 42 22 67 13

www.ingramcontent.com/pod-product-compliance
Lightning Source LLC
LaVergne TN
LVHW010941061026
849535LV00007B/2511
9782140345647